U0747533

解码潜意识

张国庆 —— 编著

中国纺织出版社

内 容 提 要

　　为什么有的人能拥有令人惊讶的力量，能取得超乎想象的成就，而另外一些人却终生落魄？为什么有的人永远摆脱不了恐惧和焦虑的纠缠，而有的人却始终能够对生活满怀信心？为什么有的人在罹患"绝症"后还能重获新生，而另外一些人却因为一点小病就久病缠身？

　　你能猜到这些问题的答案吗？所有的疑问都指向同一个答案：潜意识。潜意识是人类一切行为的内驱力。当它一旦被唤醒时，所发挥出的无穷力量是惊人而不可思议的。一个人在他的潜意识里把自己想象成什么样，他就会变成什么样。可以说，潜意识是每一个成功者都在运用的一种能量。

　　本书作者通过多年的研究，结合心理学的理论，糅合了西方潜能学大师的进步观点，从潜意识帮助身体健康、利用潜意识优化习惯、利用"正向信息"、运用潜意识建立自信气场、让潜意识助你事业成功等方面为我们提供了行之有效的方法和途径。

图书在版编目（CIP）数据

　　解码潜意识 / 张国庆编著 . —北京：中国
纺织出版社，2013.9（2024.3 重印）
　　ISBN 978 – 7 – 5064 – 9446 – 5

　　Ⅰ . ①解… Ⅱ . ①张… Ⅲ . ①下意识—通俗读物
Ⅳ . ①B842. 7 – 49

　　中国版本图书馆 CIP 数据核字（2013）第 019445 号

策划编辑：库　科　　责任编辑：胡　蓉
特约编辑：张烛微　　责任印制：储志伟

中国纺织出版社出版发行
地址：北京市朝阳区百子湾东里 A407 号楼　邮政编码：100124
销售电话：010—67004422　传真：010—87155801
http://www.c-textilep.com
E-mail：faxing@ c-textilep.com
中国纺织出版社天猫旗舰店
官方微博 http://weibo.com/2119887771
三河市宏顺兴印刷有限公司印刷　各地新华书店经销
2013 年 9 月第 1 版　2024 年 3 月第 2 次印刷
开本：710×1000　1/16　印张：17
字数：178 千字　定价：68.00 元

凡购本书，如有缺页、倒页、脱页，由本社图书营销中心调换

前　言

　　每个人都希望拥有健康、成功和快乐的人生，但是大多数的人都很难做到，到底为何？大量研究证实，人生成败的关键在于心智功能发挥得如何。

　　人的心智包括两部分：一是显意识，二为潜意识。显意识是人的较明显的心智活动；潜意识是不明显、不露在表面的心智活动。

　　现代心理学已达成这样一个共识：自我所意识到的一切，并不是精神世界的全部，相反，显意识只是其中很小的一部分，更庞大的部分——潜意识隐藏在人们的感知之外。如果将人类的整个心智活动比喻成一座冰山的话，那么浮出水面的部分就属于显意识的范围，约占5%，换句话说，95%隐藏在水下的都属于潜意识。

　　潜意识在大部分时候难以被我们认识和觉察，然而，它就像一位幕后指挥者，不仅控制了我们的感觉、情绪以及身体的各种反应，也主宰着我们的行为和思想，最终决定着我们一生的发展。

　　博恩崔西曾说："潜意识的力量比显意识大三万倍。"安东尼·罗宾也曾经说过："所有人的改变都是在改变潜意识。"

　　可惜的是，很多人终其一生，都忽略了如何有效地发挥潜意识的作用。就算是像爱因斯坦、爱迪生这样的天才人物，一生中也不过运用了他们全部心智的不到10%。

　　我们的潜意识是个无尽的宝藏，正等待着我们开发和利用，运用的窍门一旦被我们掌握，将会在我们人生的各个方面发挥出令人难以置信的巨大作用。潜意识是每一个人都拥有的，一方面，它并不需要我们费心费力地去攫取；另一方面，它必须通过学习才会得到利用。本书作者通过多年的研究，结合心理学的理论，为我们认识和运用潜意识，提供了行之有效的方法和途径。

　　本书理论联系实际，深入浅出地讲解了潜意识对我们的巨大作用，通过大量古今中外的经典实例，将难以感知的潜意识转化为具体的事物，集知识性、针对性、实用性、可操作性和趣味性于一体；理论严谨，内容丰富，贴近生活，贴近实践，有很强的实用指导性。读完本书，你的生命里一定会闪现出新的灵光，一种全新的能量将会推动着你，让你的人生从此与众不同。

编著者

2013年3月

全球知名人士热议潜意识

潜意识，也就是人类原本具备却忘了使用的能力，这种能力我们称之为"潜力"，也就是存在但却未被开发并加以利用的能力。

> ——精神分析学派创始人 西格蒙德·弗洛伊德在其著作《精神分析引论》中首先提出

倘若你想达成目标，就需要在心中描绘出目标达成后的景象；那么，梦想必会成真。

> ——英国当代动机大师 理查·丹尼斯（Richard Danny）

一个人的人生幸福，只靠道德方面的努力是不够的，我们必须经常描绘自己将来的幸福形象，并依靠万能的潜意识来帮助实现。潜意识一旦接受事情后，就会想尽办法去实现它，之后你只要安心等待就可以了。

> ——世界著名精神法则、潜意识研究权威 乔瑟夫·墨非博士（Joseph Murphy）

我这一生不曾工作过，我的幽默和伟大的著作都来自求助潜意识无穷尽的宝藏。

> ——美国幽默大师、著名作家 马克·吐温（Mark Twain）

那些能干的人，往往是那些即使在最绝望的环境里，仍不断传送成功意念的人。他们不但鼓舞自己，也振奋他人，不达成功，誓不休止。

> ——世界潜能激励大师、*Unlimited Power* 作者 安东尼·罗宾（Anthony Robbins）

灵感并不是在逻辑思考的延长线上产生，而是在破除逻辑或常识的地方才有灵感。

> ——相对论创立者、物理学家 爱因斯坦（Albert Einstein）

19世纪最伟大的发现不是在物理学领域，而是在精神领域，那是人类的潜意识在信仰的触动下所产生的力量。在每一个人身上，都储存着无尽的潜意识力量，它可以战胜一切问题。

——美国心理学之父 威廉·詹姆斯（William James）

潜意识的力量比意识大三万倍以上。所以，任何的潜能开发，任何的希望要实现，都要依靠你的潜意识。

——世界潜能大师、成功学权威博恩·崔西（Brian Tracy）

潜意识的力量无远弗届。我愈是深入研究心灵层面，就愈见识到潜意识的强大力量。

——华语世界首席身心灵作家 张德芬

每一个人都具有特殊能力，但大多数人因为不知道，所以无法充分利用，就好像身怀珍宝而不知其所在。如果能够掘出这项秘藏，人类的能力将会完全改观。

——《超右脑革命》作者 七田真

如果每个人都能想象自己的梦想，梦想就可能出现。

——《脑内革命》作者 春山茂雄

未来人类生存的疆界将不再仅仅只是宇宙的边界，而是人类的潜意识，而所谓的上帝也不过仅仅是潜意识的化身。

——美国思想家、文学家、诗人 拉尔夫·沃尔多·爱默生（Ralph Waldo Emerson）

目 录

第1章　唤醒你的深层力量——潜意识

潜意识犹如一座储量巨大、价值不可估量、亟待开发的金矿，是潜藏在显意识之下的一股神秘力量。如果将之唤醒，那么我们想要的一切将会齐齐出现在我们的生命里，我们的人生将更为绚丽多彩。我们现在要做的，就是要正确认识和激发潜意识。

第2章 比药物更厉害的"潜意识力"

潜意识不停地影响着我们的所有生命功能。它比任何医生或药物更厉害，当身心状态由于某种原因而导致不平衡时，潜意识会适时地发出警报，并且自动开始治疗身体的疾病。

第3章　你知道为什么有些人那么聪明吗

为什么有的人能拥有令人惊讶的力量，能取得超乎想象的成就？科学研究发现，这些人只不过比常人多发挥了一点潜能而已。其实，每一个人都具有巨大的潜能，它就藏在潜意识中，只要懂得开发这种与生俱来的能力，我们甚至可以比那些人更敏锐！更聪明！

第4章 "正向信息"是如何帮助你成功的

潜意识是我们内在的巨人，它具有大到不可思议的力量，只要"正向信息"在我们的潜意识里输入我们的目标和愿望，神奇的潜意识就会将它变成现实！善用潜意识，用"正向信息"唤醒内在的巨人，就能改写命运，实现人生所有的梦想！

第5章　如何运用潜意识帮你建立自信气场

　　自信是一种力量、一种气场，是引导一个人走向成功的重要因素，也是鼓舞一个人在困难面前百折不挠，奋勇前进的内在动力。一个人是否有自信气场，与潜意识有直接关系。学会运用潜意识建立自信气场，我们就可以驱使我们的内心，为我们做好一切服务。

第6章　借助潜意识规律读懂他人

在生活中，我们必然要与人交往。人是最复杂的动物，多少都会掩饰自己，我们很难了解对方的内心。但人的潜意识很难掩饰，只要我们掌握了潜意识的规律，就能读懂他人，从而有针对性地采取最恰当的交往方式，并避免一些社交上的风险。

第7章　从潜意识入手调整和优化习惯

人的日常活动，百分之九十都在重复原来的动作。这些行为是潜意识的程序化，不用思考而自动运作。这就是人们常说的习惯。习惯是所有成功的奴仆，也是所有失败的帮凶。所以，若想改变人生，就必须从潜意识入手调整自己的习惯。

第8章　怎样运用潜意识拥有快乐人生

人生在世，谁都希望生活得快快乐乐，成功的人生是一次快乐的旅行。真正的快乐是生命本性的自然流露，来源于自己精神的内部，取决于自己的潜意识，只要学会了运用潜意识的规律，我们会发现，没有任何人、任何事情能让快乐远离我们。

第1章　唤醒你的深层力量——潜意识

潜意识犹如一座储量巨大、价值不可估量、亟待开发的金矿，是潜藏在显意识之下的一股神秘力量。如果将之唤醒，那么我们想要的一切将会齐齐出现在我们的生命里，我们的人生将更为绚丽多彩。我们现在要做的，就是要正确认识和激发潜意识。

1.潜意识的发现与潜意识理论

人类接受信息的方式分为有意识接收和无意识接收两种方式，我们每天都会受到不同程度有形或无形的刺激，引起我们的注意而产生不同程度的反应。有意识接收是人脑对于周边事物的刺激有知觉地接收信息；而无意识接收是人脑对于周边事物的刺激不知不觉地接收，这就是所谓潜意识。

从字面理解：意识，简单地说，是人的较明显的认知世界的大脑心智活动。潜，是不露在表面的意思。潜意识是不明显，不露在表面的大脑认知、思想等心智活动。

潜意识是人类原本具备的能力，也有人称它为"潜力"，也就是存在但却未被开发与利用的能力。潜能的动力深藏在我们的深层意识当中，也就是说藏在我们的潜意识里。

潜意识的发现始自催眠术。催眠术是一项古老而又充满活力的心理调整技术，它通过特殊的诱导使人进入类似睡眠而非睡眠的技术，在此种状态下，人的意识进入一种相对削弱的状态，潜意识开始活跃，因此其心理活动，包括感知觉、情感、思维、意志和行为等心理活动都和催眠师的言行保持密切的联系，就像海绵一样能充分汲取催眠师的指令。

自古以来，人们就知道运用催眠的方法可以开启人类神奇的力量。但在早期不叫做催眠而称为"咒术"。施展咒术的人称为神官或魔法师。现今，催眠被广泛运用在许多领域上，例如医学、心理、教育、运动、潜能开发、宗教甚或刑事侦防等。

催眠能够直接打开横亘在意识与潜意识之间的那扇封锁的门，直接进入潜意识的黑盒子，搜索深层的创伤、压抑、欲望以及久远的记忆，直接曝光意识想隐藏、想伪装的事情，直接与潜意识对话，直接给潜意识输入新的指令。

和睡眠不同，催眠状态表面看起来好像睡着了一样，但如果人真的睡着了，对暗示就不会有反应了。而催眠状态下，意识是非常清楚的，与打坐的情形相似。不需要担心的是，每个人的潜意识都有一种自我保护的本能，即便在催眠状态中，人的潜意识也在"站岗"，催眠能够与潜意识更好地沟通，但不能驱使一个人做他的潜意识不认同的事情。

但是，第一次提出人类潜意识学说的人，不是催眠师，而是奥地利精神病医生兼心理学家、哲学家、精神分析学的创始人——西格蒙德·弗洛伊德。

弗洛伊德的精神层次理论认为，人的精神活动，包括欲望、冲动、思维，幻想、判断、决定、情感等，会在不同的意识层次里发生和进行。不同的意识层次包括意识，前意识和潜意识三个层次，好像深浅不同的地壳层次而存

3

潜意识的能量是无限的。把你期待健康的想法交给潜意识，深信不移，然后放松自己，把你的"自我"给抛弃了。对周围的环境说，"这也会过去的"。通过放松，你的潜意识就会释放出它的能量来实现你的目标。

在，故称之为精神层次。

他认为，意识即自觉，凡是自己能察觉的心理活动是意识，它属于人的心理结构的表层，它感知外界现实环境和刺激，用语言来反映和概括事物的理性内容。

前意识又称下意识，是调节意识和无意识的中介机制。前意识是一种可以被回忆起来的、能被召唤到清醒意识中的潜意识。

潜意识又称无意识，是受到压抑的没有被意识到的心理活动，代表着人类更深层、更隐秘、更原始、更根本的心理能量。潜意识是人类一切行为的内驱力，它包括人的原始冲动和各种本能以及同本能有关的各种欲望。**由于潜意识具有原始性、动物性和野蛮性，不见容于社会理性，所以被压抑在意识下，但并未被消灭。它无时不在暗中活动，要求直接或间接的满足。正是这些东西从深层支配着人的整个心理和行为，成为人的一切动机和意图的源泉。**

弗洛伊德在医疗实践中创建了意识与潜意识理论的框架，拓展了潜意识这块人类心理研究领域的新大陆，除了为心理学本身的研究发展，做出了划时代的贡献，对医学、教育、文学、艺术、宗教、民俗、法律等领域的贡献也是功不可没的；被学界认为是"影响世界历史发展"的科学与文化伟人。

后来，弗洛伊德的学生、朋友、同事——世界著名心理学家、人文思想家荣格，将弗洛伊德的潜意识理论由个人扩展到集体，把弗洛伊德研究人类的生物因素扩展到研究人类的灵魂因素，运用潜意识理论研究灵魂、宗教、文学、艺术……他的学说"对大众的昭示作用"至今还是"领先于他的时代，以至今天的人们也只能逐渐地追赶他的种种发现"。

在实现人生价值方面，弗洛伊德的学生阿德勒，从开发潜能的基础上，提出了个体心理学学说，对于个人在社会实现自我的价值大有裨益。

弗洛伊德的学生、心理学家、社会学家、哲学家弗洛姆又提出了"社会无意识（潜意识）学说"，对人性的研究做出了重大的贡献。

20世纪，斯坦尼斯拉夫·格罗夫的非常态心理学和超个人心理学，也是在弗洛伊德潜意识理论的摇篮、荣格集体潜意识理论的框架里发展起来的。集体潜意识学说为研究人类的神秘现象开辟了道路；非常态心理学和超个人心理学进一步启迪我们超越自我，为研究人的非常态思想提供了经验性理论，为解释人类神秘现象提供了理论基础，为治疗精神病提供了不药而愈的理论依据。

"潜意识的力量"运动的发起者是约瑟夫·墨菲（1898—1981）。墨菲是美国的哲学博士、神学博士、法学博士。他以科学的态度阐明了潜意识的存在，并列举了大量来自生活的实例，以说明潜意识的影响力。他鼓励人们挖掘自己内心深处的潜意识力量，达到心想事成的境界，实现自己的人生梦想。这场"潜意识的力量"运动奠定了他"人类潜能运动灵魂人物"的地位。几十年以来，他的理念影响了几代励志作家与演说家，改变了数百万人的思考方式。

5

有许多人解决问题和渡过难关都是通过这种训练有素的想象，他们知道，只要他们当真接受他们的想象和感受，就一定会达到目的。

2.显意识与潜意识的区别和联系

我们的心智分成两部分，一是意识，二为潜意识。虽然现在有不少人开始注意到潜意识的开发，但是还是没有多少人能够真正的了解，现在我们就一起认识一下。

意识是具体事物的组成部分，是人脑把世界万物分成生物和非生物两大类后，从这两大类具体事物中思维抽象出来的绝对抽象事物或元本体，是具体事物的存在、运动和行为表现出来的普遍性规定和本质，是每个具体事物普遍具有的自主、自新、自律的主体性质和能力。

意识常常被称为客观心理，客观心理指通过身体的五大感官认知客观事物的过程。通过这些感官，也就是通过观察、感受、教育等方式，人们获得知识。客观心理的伟大功能是推理。

潜意识，是相对人的主观意识而言的，顾名思义，通常指一个人意识不到但确实存在的内在的精神领域，又称"右脑意识""宇宙意识"，《脑内革命》作者春山茂雄则称它为"祖先脑"。

潜意识常被人称做主观心理。它是产生感情的地方，是记忆的仓库。当你的五官停止活动时，就是它的功能最为活跃的时候。也就是说，当客观心理终止活动或处于睡眠状态时，主观心理的智慧就彰显出来。

现代心理学已达成这样一个共识：即**自我所意识到的一切，并不是精神世界的全部，相反，意识只是精神世界的冰山一角，更庞大的部分隐藏在水面下看不到，则好比潜意识的内容。**

人更多是受内在的潜意识的作用，并不自知地行动。这一点应该很好理解：试想一下：你能完全左右自己的思想与情感吗？有些想法不由自主在你脑海中浮现，驱之不去；强烈的感情一下子控制住你，让你忍不住悲伤哭泣；夜晚，莫名其妙的梦境不断涌入你的睡眠里。种种迹象表明，人什么时候也不可能摆脱潜意识的影响。

从某种程度上可以认为，意识是人特有的功能。动物是无意识的，它们靠本能行动。人类与动物的重要区别之一，就是知道自己在做什么，有独立的思想和意志。人类拥有意识能力大概是从几十万年前开始的，在此之前人类也几乎完全是受潜意识的支配。人类进化到今天，意识是否已强大到可以不必顾及潜意识的地步了呢？绝不。意识从潜意识分化而来，潜意识相当于意识的源泉，也许你觉察不到，但它一直是我们赖以生存的重大根基。

想象是你的最具有潜力的本能，想象美好的、可爱的、受尊重的，因为你就是你所想象的。

当然，这并不是说潜意识比意识低级，潜意识是一个人更内在、更深刻的自我，它包含着数百万年来的智慧。大家想一下，蜜蜂没有意识，可它天生知道去哪儿采蜜，怎样筑巢；动物先天的本能就能让它知道做什么和怎样做。有些时候人甚至可以像动物一样预知危险从而避开危险。

意识是可以进行推理、可以作出选择的。例如，你可以选择书籍，选择住房，选择伴侣等。而潜意识是不受控制的，例如心脏的跳动，消化系统的运作，血液的循环、肺部的呼吸等，都是潜意识的作用。

潜意识不能进行推理，也不同意识进行争论。潜意识就如同土壤，意识如同种子。消极的，破坏性的思想只能长出灾难的果实。潜意识不能区别好坏对错，如果你认为某事是真的，潜意识也接受它为真的，即使实际上是假的。

心理学家做过大量的试验，表明人在催眠状态下，潜意识对所有指示和暗示都接受，哪怕是错误的暗示，而且一旦接受后就做出相应的反应。催眠医师对试验者在催眠状态下暗示他是某某人，是猫或狗，试验人都能做出相应反应，有些反应与暗示的内容非常相像。

从以上的讨论中我们不难看出，意识就像是一个看门人，它能够防止潜意识被错误的观念污染。这一点是非常重要的，因为潜意识对于暗示非常敏感，它从来不做任何推理或比较这类理性的认知活动，而是把这些理智的活动交给了意识。一旦意识认同了某种观念，潜意识就会毫不犹豫地接受。

意识与潜意识的关系就像将军与士兵的关系，打胜仗的是百万大军，但还需要将军发号施令，士兵才会采取行动。

潜意识和意识是可以相互转化的。经过多次反复或强烈的刺激，意识可以变为潜意识；相反，受刺激后的潜意识又可变为意识。因此二者没有绝对的界限。

3.潜意识的形成途径和方式

人的心理由意识和潜意识两部分构成。意识是一种清醒的认识，如有目标，有计划的学习活动，自我评估，自我调控，都体现了意识的特点；潜意识是一种不知不觉的认识，如自然而然地记住了某些生动的情节，又如对某些技能熟练了，虽然没有格外注意，仍能依程序操作，还有做梦等心理活动都是潜意识活动。

潜意识和意识相比，其形成的途径和方式有其特殊性，概言之，大致有以下几种情况：

（1）人类共有的潜意识的遗传继承

生物在长期发展中，由遗传的传递而形成一定的行为方式，这就是生物本能，如蜜蜂造巢，蜘蛛织网。人的进化不仅体现在躯体方面，更重要的体现在大脑，人脑共有3层：新皮层、缘脑和爬行动物脑。新皮层是智人阶段产生的，具有思维的物质条件；缘脑是哺乳动物阶段遗传下来的；爬行动物脑源于爬行动物阶段，从这里发生本能冲动，所以说潜意识是种族(甚至延伸到爬行动物)发展中被遗传记录下来的本能。这些本能通过大脑而形成潜意识。

9

有时突然发现自己的脑子里一片空白，越是努力去想，越是想不起来。放松自己以后，答案又突然在脑海中出现。切记，决不要用你的意志力来强迫潜意识接受你的观点。这种努力肯定要失败，其结果必然是事与愿违。

人类祖祖辈辈、世世代代积淀起来的经验，转化为潜意识保存在大脑中，它聚集了人类数百万年来的遗传基因层次的信息，囊括了人类生存最重要的本能与自主神经系统的功能，即人类过去所得到的所有最好的生存情报。这些本能和欲望反映了人的动物性的一面，但是在表现形式上具有人的社会性，而不是纯粹地顺乎自然。

（2）幼儿时期的经验积淀

个体幼年和儿童时期还没有健全的心理和对事物的理解能力，对事物的反映、模仿和学习是不自觉的，是以本能的潜意识、无语言符号的形式进行的，对各种强烈的刺激，如恐惧、喜悦、哀伤、惊吓、暴力、压抑、屈辱等经历，虽极大地震撼了幼小的心灵，然而却只能被迫接受，待成人以后，这些往事可能根本回忆不起来，但并没有消失，而是以潜意识的形式保存着，影响人日后的言行。

比如，一位母亲由于莫名的烦躁，对自己调皮的孩子不上进感到焦虑，经常打骂指责自己的孩子，并对孩子说："你瞎了吗？这样的东西都看不见？"或者"你聋了吗，我讲的话你都听不进去？"在这里可以看出在打痛孩子肉体的过程中，不自觉地向孩子心灵注入潜意识内容，可以预见的是：这个孩子将来在视觉或听觉方面可能会有心理障碍，或者是听不清充足的音色，或者是看不全充足的颜色。

（3）民族历史文化的熏陶积淀

人的心理是通过进化发展过来的，因此，心理同往昔联系在一起，不仅同自己的幼儿时期有关，而且同民族的历史文化联系在一起。个体一出生就有民族潜意识的生理倾向，形成该民族特有的民族心理素质。民族的心理素质是历史的积淀，是无数先人的实践和文化历史活动积淀而成的民族心理。民族文化对个体的影响往往在与个体接受民族语言的同一个过程中进行的，民族语言中的意义渗透着民族的价值观念、道德模式、行为规则、处事原则等。掌握了民族的传承，也就同时把民族的历史文化变成了个人的潜意识。

（4）意识的凝结积淀

个体后天通过读书、交往、教育等途径形成的意识，包括知识、信念、道德观念、审美观念等，经过日积月累，融会贯通，会结晶为一种潜意识。此时，读过的许多书或课文内容、数学公式、故事情节、思想教育活动的形式和内容的细节可能早已离开意识层，但它们的痕迹仍然深深铭记在人的深层心理结构上，这些痕迹日复一日不断增多，潜移默化地塑造、调节着深层心理，最后导致各种心理功能、思想观念和能力的出现，而且是主体知觉不到的。我们常说熟能生巧，习惯成自然，这就是潜移默化。经过这个过程便会形成稳定的行为方式，成为习惯。

（5）意识形态社会环境的熏陶

意识形态社会环境（宗教、伦理、政治、法律等）作为个体的认识背景，具有巨大的"同化"或"整合"功能，它使个体心理在不知不觉中受其影响或熏陶，而且这种"同化"或"整合"功能具有超越任何个人的普遍性和强制性，逐渐成为个体的潜意识。

11

人们在睡前和刚醒来的时候，就是潜意识最"显露"的时候。在这种状态下，消极的想法不再出现。因此，你可以去想象愿望的实现，感受成功的喜悦，你的潜意识就会为你去努力。

4.潜意识的十大基本特征

潜意识在无形中左右着我们的行为和生活，了解潜意识的特征，是正确认识和运用潜意识的前提。那么潜意识的基本特征是什么呢？

（1）能量巨大

人类的潜意识中包含着惊人的潜力，丰富的功能。如果将人类的整个意识比喻成一座冰山的话，那么浮出水面的部分就是属于显意识的范围，约占5%，换句话说，95%隐藏在冰山底下的意识就是属于潜意识的范围。潜能大师博恩·崔西说，人的潜能是我们现实能量的3万倍以上。美国知名学者奥图博士说：人脑好像一个沉睡的巨人，我们平均只用了不到1%的脑力。一个正常的大脑记忆容量有大约6亿本书的知识总量，如果人类发挥出其中一小半的潜能，就可以轻易学会40种语言，获12个博士学位。据研究，即使爱因斯坦，其大脑的使用也没有达到其功能的10%，人类的智慧和知识，至今仍是低度开发。

人的潜意识是个无尽的宝藏，可惜的是每个人终其一生，都或多或少忽略了如何有效地发挥它的潜能——潜意识中所蕴涵的力量。

（2）不自觉性

潜意识活动是在不自觉中进行的。平时说错话或说走嘴，都不是无缘无故的，潜意识使你说出了不想说的话。还有写错字，很多人都有一些习惯性的写错的字，小时候写错的字，形成潜意识，以后经常写错，不容易纠正过来。在喝醉时，失去自觉的控制能力，不由自主地说了一些压抑在心里的话，平时说酒后吐真言，则是潜意识思维。在一些紧急场合，人们会不假思索地立即采取行动，也是潜意识的作用。例如，英雄人物不顾安危地冲上去，这就是他的"利他"的价值观已经成为他的潜意识。

（3）分辨力差

潜意识不会辨别信息是好是坏，是正确或者不正确的，但它会根据我们的想法，或是暗示的信息，一律遵照执行。如果我们给予它错误的提示，它也会当做正确的，并展开行动，使它们变成现实。所以我们要经常有意识的给自己多输入一些正向的、积极的信息，这会使我们整个身心都变得正向、积极，而且我们也要多跟一些积极的人做朋友。

（4）需强烈刺激或重复刺激

强烈的刺激会带来刻骨铭心的感受，容易在潜意识中留下深刻的印象。当你不断重复时，就会形成一个模式。当一个新的模式产生，旧的模式就会被替代。但新模式的重造，至少需要二十一天时间。不断地强烈的重复刺激，会在潜意识中刻下你想要的习惯和模式。我们常说的"成功等于简单的事情重复做"就是这个道理。

（5）易受图像刺激

潜意识不容易接收到抽象的词汇，但是对图像形式的

13

你可以在困倦状态下避免意识和潜意识之间的冲突。睡前一次次地去想象你愿望的实现，心平气和地睡去，醒来之后体验满心的欢喜和无穷的力量。

表现很敏感。当你把你想要输入的信息用图像化的形式在大脑中表现出来，潜意识就会信以为真，以为这是你真正经历的过程。于是你就在大脑中有了"经历"和"经验"。**当你不断地去观想自己想要得到的结果的场景时，你就不断地在那个结果中坚定起来，也就更容易去创造出那样的结果。**

（6）喜欢带感情色彩的信息

潜意识最容易吸收带有感情色彩的信息。情绪波动起伏得越大，就越容易被接受、吸收、贮藏。情绪是一种能量，很好地应用时，它就会安全地发挥出无穷的力量。把我们想要输入的积极信息，加以感情色彩、加以行动的情绪力量，在自己情绪波峰时去接收，会在潜意识中注入一股无穷的力量。

（7）"密码"性和"模糊"性

"密码"是用来比喻的权宜之辞，即潜意识的唤起须由特定的情景或特定的意识指令才行。"模糊"指存入大脑的潜意识已经变成了我们无法认识的模糊的"代码"，只有通过意识的重新"翻译"，才能清晰起来。

这个过程速度之快，我们几乎无法觉察。当我们要思考回想某件事的时候，比如我们想回忆少年时代一件成功的往事，我们就给潜意识下了一个特定的指令，于是，这方面的潜意识很快便会被唤起，并经过意识的"翻译"，而栩栩如生地重现出来。

当我们在某种特定情景的刺激下，一些相对应的潜意识有时会自动地重现出来。比如你看到电影中的接吻场面，你的潜意识中的某些相关的记忆有可能就闪现在屏幕上，与电影中的场面辉映在你的大脑里。这也是潜意识的快速"密码"唤起和快速意识翻译的表现。

（8）放松时容易进入潜意识

脑科学研究发现：平时，我们的意识会形成一层很好的防护，防止外界信息进入潜意识。但当我们身心放松时，意识的力量也会减弱，大脑迅速调整到α波状态，潜意识就越来越多地显示出来，也更容易吸收来自外界的暗示和刺激。运用这个特征，可以更有效地开发我们潜意识的能量。

（9）吸引力法则

潜意识里的东西可以如实地呈现在显意识中、呈现在现实生活中，同时影响显意识对于事件、世界的认识定义，同时潜意识具有新引力，可以吸引你想要的东西。

15

（10）身心协调一致性

潜意识会和身体经常交流。如果身体很懒散，潜意识就会认为你正在做的事情一点都不重要，大脑也就不会重视你所做的事情。所以，在工作学习的时候，应该端坐、身体稍微前倾。同时，身心相互影响着，身体也能记忆，所以可以通过身体记忆，同时也要注意身体是否在养成有利于自己成长的习惯。

人的一些习惯性动作，以及一些自己也没有意料到的行为，实际上就是潜意识在支配人。

如果能把这些特征一一认清，再学以致用，指导自己去用好自己的潜意识，那么你的人生将会发生翻天覆地的变化。

5.潜意识的主要功能和作用

与意识相比，潜意识有其特殊的功能和作用，科学家们目前发现
的主要有以下几种。

（1）记忆储存

人对客观对象的认识的结果，不仅采取有意识的反应形式，如
概念、判断、理论等，而且还有潜意识的形式。一方面，人类祖祖辈
辈积淀起来的经验，转化为潜意识保存在大脑中，遗传下来，成为个
体获得的一种先天的特殊形式的"认识"；另一方面，个体后天获得
的知识、经验也有一部分转化为潜意识储存进来。人从出生到老死的
所见、所闻、所感所想等一切意识到的东西，都会进入潜意识并储存
起来。一些熟悉的事物，如长期生活环境中的习俗、观念、人物、景
象、他人的某些思维习惯和行为特点等，常常不经过明显的意识记
忆，不知不觉地直接进入人的潜意识，并储存起来。如果要你回忆你
童年三岁的时候发生的一件事，你可能会说你早已忘记了。是的，也
许没错，你的意识已经忘记了，但是你的潜意识却不会忘记。只要找
对方法就能够打开潜意识的宝库。事实证明，冥想催眠等这些方式能
够让我们唤醒沉睡的记忆。

（2）自动排列组合分类

潜意识将保存储蓄的复杂的东西，进行自动的重新排列组合、分类，以随时应付各种需要。

人们做梦，便是潜意识的一种自动排列组合的反映。当我们思考某个问题的时候，与这类问题有关的潜意识就可能被我们唤醒，从潜意识里升到意识中来为思考服务。而与思考问题无关的潜意识，一般情况下不会被唤醒，它老老实实在那里埋藏着。大脑功能紊乱的"神经病"，则是潜意识排列组合的混乱无序造成的。

（3）自动化操纵

我们会有意识地学习某些行为，当熟练到某种程度这些行为就会进入到潜意识中，成为一种习惯反应。如骑脚踏车，刚开始时可能会注意控制把手与脚踏板，但当熟练到某种程度就会有自然而然的反应，不再需要意识的控制。同样的，今天你是用哪只脚先走进这个房间的？已经忘了吧？因为你根本不会注意走路是用哪只脚的。也就是说，当你骑车、走路，可能包括系鞋带等都已经完全由你的潜意识控制，你不需要用意识去指挥它，它完全是自动化的操纵。进一步说，其实我们的心跳、呼吸、血液流动等也都是潜意识在控制着。

人的一些习惯性动作，以及一些自己也没有意料到的行为，实际上也是潜意识的自动化操纵。一些人遇到难题，马上想到"挑战""想办法解决"，行动也几乎同时跟上；另一些人遇到难题，则不自觉地、甚至不加思考地就想到退却，想到失败，而且也在行动上退却。这便是过

17

运用潜意识来成功致富的最快、最直接的方式就是积极地自我暗示，暗示自己一定会赚钱致富。

去不同经验的潜意识在起作用，自动地维护并保持你的风格。

（4）配合达到目标

潜意识还有一个配合达到目标的功能。当你确定一个目标时，潜意识会自动搜索与目标相关的资源来协助你达成你的目标。所以明确自己的目标是非常重要的。

（5）联通集体潜意识

集体潜意识是弗洛伊德的学生荣格提出的概念。荣格认为宇宙间存在着一种集体潜意识，它是一种无穷大的智慧；拿破仑·希尔称之为"无限的智慧"；著名的潜意识研究专家乔瑟夫·墨菲博士描绘这种集体潜意识为"所罗门王的宝藏"；也有人叫它"超意识"。

在最初阶段，为了群体生存，一如其他动物一样，那种原始的集体主义、敬老爱幼的道德情操、为了集体敢于牺牲自己、患难与共以及尊重自然等德行，使得人类这个种族得以存活下来并进化。并且，在日益发达的物质、精神文明中，人类获得了心智的成长，并自傲地认为自己是高级动物，优于其他动物。在古代，人类需要精诚团结，才能在大自然中幸存。而且在进化过程中，时代性地，也有人物恰到好处地担当英雄，引领人们完成一些集体发展壮大需要完成的事业。

人类集体潜意识在阶段性的时间段里，会将人类集体潜意识调动激发到匪夷所思的程度，使其演化到极端。团队可以凝聚力量，做成大事；但其一旦发展到极端，再出现时代性的人物应机把握号召，便会爆发集体疯狂。

（6）形成直觉和灵感

潜意识使人有可能经过长期的认识、实践活动集聚起奇特的潜意识心理功能——直觉和灵感，使人对世界的认识有可能出现创造性的

飞跃和升华。

据说有些印第安土著人能从马蹄印迹中判断马走了多远，这种直觉实际是长期与马、马蹄印迹打交道形成的经验潜意识的习惯性反映。母亲对婴儿的某些直感，也是长时间和婴儿生活一起的习惯潜意识的直接反映。当我们苦思冥想某一难题，一时得不到解决时，我们可能会暂时停下来做别的事。结果突然有一天，问题答案的线索，甚至完整的答案从我们脑中跳出来了。这就是我们常说的灵感。关于这一点，我们将在后面的章节中详述。

19

6.潜意识的基本运作机制

许多人想开发自己的潜意识，但却没有什么结果，是因为不能够完全懂得他们潜意识的运作机制。当你知道你的潜意识是怎样工作时，你才有可能有效地开发和利用它。

潜意识的基本运作机制有以下几种。

（1）观念多次重复，就会被接受

潜意识无法对外来信息做出判断，所以它很容易接受错误指令。当我们机械性地重复一个想法，直到不再需要意识做出判断时，这个想法就在潜意识里生根了。如果潜

世界上有许多被挫折、不安、自卑感所困扰的人，他们总以为自己对任何事都无能为力。这显然是陷入了负面作用的潜意识的陷阱中。

意识接受了错误的想法，并形成习惯性思维，补救方法就是：使用强势的正确意识，向它发出指令，不断重复，直到潜意识接受它，形成新的、健康的思维和生活习惯。

就像商业广告一样，天天播放，于是你在去超市购物时，会不自觉地选择这些广告品牌。"谎言说了一千遍就成了真理"。哪怕它们是伪劣产品，你的潜意识也会告诉你：它们很知名，不买它们，将是一个错误。这表明潜意识接受观念和信息，一定需要多次重复，然后它的工作模式才会开启。

（2）毫不保留地接受意识传达过来的指令

与意识不同，我们的潜意识没有自主能力，它会毫不保留地接受意识传达过来的指令（即心理暗示）。潜意识并不分析对错，它只相信命令，一种观念的形成不一定要符合真理和是非标准。所以潜意识没有防范能力，使我们受到恐惧、焦虑、不和谐及其他消极思想的影响。在接受意识的指令之后，潜意识会采取行动，在其工作领域中开展工作。意识的指令可能是正确的，也可能是错误的。如果是后者，将对整个生命体带来广泛而消极的影响。

（3）信仰的一切最终都会实现

只要潜意识接受了一个观念，它就开始将其转变为现实！假如有你信仰，并坚决制订绝不退缩的计划，你相信它一定会实现，神奇的变化就将开始了。

问题的关键在于，无论这个观念是好是坏，潜意识都会不加选择地接收，并同样有力地开始执行。所以，如果这条定律向负面的方向发挥作用，那么它就会带来失败、屈辱和痛苦；如果这条定律向正面的方向发挥作用，那么它就能为我们带来健康、成功和幸福。

（4）自动联系过去的经验模式

当潜意识接收到一个信息时，会自动与过去的经验模式相联系，这也就是为什么总是受过去影响的原因；当大脑思考两件事情、感受时，潜意识会自动地将它们联系起来，所以需要控制事情与感受的联系，以有利于自己成长为准。

（5）对于所用词汇不区分

不管是负面词汇，还是正面词汇，潜意识只是接受。当你告诉潜意识你要成功时，它所接收到的讯息很清楚的是"成功"两个字，但当你告诉它你"不要失败"时，它没有办法判断"要或不要"，它所接收到的只是"失败"这两个字。

有人做过一个实验：让自愿者"不要"想蓝色，"不要"想蓝色——"千万不要"想蓝色——结果是，自愿者的头脑中第一个想到的颜色就是蓝色。

因此我们必须努力排除消极的资讯，只让积极的资讯输入你的潜意识，同时，别告诉它你"不要"什么，只告诉它你的愿望是"想要"达成什么。

21

潜意识像个巨大无比的仓库或银行，它可以储存人生所有的认知和思想感情。

7.暗示是影响潜意识的最有效方式

所谓暗示是指通过人体的语言、行为、心理或者是环境的特殊语言，对人的心理和行为产生影响的过程。

暗示可分为环境暗示和自我暗示。所谓环境暗示是指暗示的发生有较强烈的外界诱发因素，而自我暗示是来源于人自身，即自己把某种观念暗示给自己。

暗示有着不可抗拒和不可思议的巨大力量。心理学家普拉诺夫认为暗示的结果使人的心境、兴趣、情绪、爱好、心愿等方面发生变化，从而又使人的某些生理功能、健康状况、工作能力发生变化。

暗示是影响潜意识的一种最有效的方式。它超出人们自身的控制能力，指导着人们的心理、行为。暗示往往会使人不自觉地按照一定的方式行动，或者不加思索地接受一定的意见和信念。

那么，他人的暗示可以被定义为"把一种思想强加到另一个人的大脑，从而影响甚至控制后者的思维和行为"。但是暗示本身不能独自存在的，暗示的存在需要一种必要条件：将暗示转换为自我暗示。由此，自我暗示可以被定义为"一个人对自身进行的思想灌输"。

自我暗示有消极的和积极的，不同的心理暗示必然会有不同的选择与行为，而不同的选择与行为必然会有不同的结果。

消极的自我暗示可误导个人的判断和自信，使人生活在幻觉当中不能自拔，并做出脱离实际的事情来。消极的自我暗示还有使人对外界事物的认知形成某种心理定势的作用，为人处世偏听误信，凭直觉办事。

积极的自我暗示又称自我肯定,是对某种事物的有力、积极的叙述，这是使一种我们正在想象的事物坚定和持久的表达方式。

进行积极的自我暗示练习，能让我们用一些更积极的思想和概念来替代我们过去陈旧的，否定性的思维模式。这是一种强有力的技巧，一种能在短时间内改变我们对生活的态度和期望的技巧。潜意识只要接收了我们所自我暗示的讯息，便会开始运作吸收外界的相关能量，找出我们所需的答案，并将我们所需的机会和资源提供出来，而协助我们达到目标及愿望。

潜意识透过自我暗示所发挥出来的无穷力量，是惊人且不可思议的，这世上许多所谓的奇迹，都是透过自我暗示的方式产生的。在某些宗教中，常有借由虔诚的祈祷或许愿而产生的许多奇迹，事实上就是一种自我暗示的过程。

自我暗示可以默不作声地进行，也可以大声地说出来，还可以在纸上写下来，更可以歌唱或吟诵，每天只要十分钟有效的练习，就能抵消我们许多年的思想习惯。自然，我们越经常性地意识到我们正在告诉自己的一切，选择积极，扩张的语言和概念，我们就能够越容易地创造出

首先必须要有一个明确的目标，一个最终的决定，知道从哪里找出路。因为只有你的潜意识知道答案，它是万能的。

积极的现实。

自我暗示可以是任何积极的叙述，它可以是很普通的或是很特殊的。我们所能做的自我暗示在数量上是无限的，它可以涉及我们愿意改善自己的任何方面。假设我们想要成功，就暗示"我会成功，我会成功，我一定会成功"；假设我们想赚钱，我们就暗示"我很有钱，我很有钱，我一定会很有钱"；假设我们想要让自己的业绩提升，就告诉自己"我的业绩不断地提升，不断地提升，我的业绩一定会不断地提升"；假设我们想要拥有好心情，就不断地告诉自己"我很开心，我很开心，我很开心"。

这样子不断地经由我们反复地输入，当我们潜意识可以接受这样一个指令的时候，所有的思想和行为都会配合这样一个想法，朝着我们的目标前进。

在运用自我暗示的方法激发潜意识时，需要把握以下原则：

（1）要用最积极的方式进行

具体说，就是暗示我们所需要的，而不是不需要的。不能说"我再也不偷懒了"，而是要说"我越来越勤奋，越来越能干"。

（2）语句越简短，就越有效

暗示应该是一番传达出强烈情感的清晰的陈述，情感传达得越多，给我们的潜意识刺激越强。那种冗长、充满理论性的肯定丧失了情感上的冲击力，变成了一种"头脑游戏"。

（3）选择对自己完全合适的暗示

对一个人有效的暗示，对另一个人也许压根无效.我们所进行的暗示应该是使自己觉得积极，扩张，自在，或是支撑性的，如果不是这样，就试着改动言语，直到感觉合适为止。

（4）创造出真实的感觉

在进行暗示时，尽可能努力创造出一种相信的感觉，一种它们已经真实存在的感觉，这样将使暗示更加有效。

（5）要不断地重复

很多人试了自我暗示，但没有明显的效果，原因是因为他们重复的次数不够多。影响一个人潜意识最重要的关键，就是要不断地重复，大量地重复，随时随地不断地自我暗示，这样的话，你暗示的内容终究会变成现实。

25

8.想象对潜意识的调节作用

想象是一种特殊的思维形式，是人在头脑里对已储存的表象进行加工改造形成新形象的心理过程。它能突破时间和空间的束缚。想象能起到对潜意识的调节作用。所以，不管是哪个方面的转变，都需要想象。

想象是重新塑造潜意识的工具。你想要什么结果，就先在心灵里想象，有利于把自己的愿望输入潜意识。

我们知道，潜意识不辨真假，你想象的它就认为是真的。所以想象事情的美好结局，潜意识就会帮你实现。

心理学最伟大的发现之一，就是可以借由自己不断的想象，而成为自己理想中的人物！

潜意识能使人把面粉当药治好病，也能使人把药水当毒液吃送了命。如何正确运用潜意识，是人生历程中最有意义，且必需掌握的一门学问。

你要想成功，就要常常想象自己是一个非常成功的人、非常富有的人、非常积极的人、非常热情的人、有无穷动力的人。你必须每天都花一些时间，想象自己成功的景象。

要不断地改变自己的内在，这些所谓脑中的软件，不断地重复这些成功的画面，你的潜意识就会不断地配合着你的想法去做改变，你就可以达成自己的最终目标。

很多优秀的推销员在推销之前，先静穆几分钟，闭上眼睛，想象与顾客谈得很高兴，想象推销很成功，结果，推销的时候真的就发挥得很好。

你的潜意识接受了成功的愿望，它就会帮助你表现得很好。当然你不应该想象那个顾客很差劲把你一脚给踢出来了，否则你很可能就真的被赶出来了。

你想得到什么结果，就想象那些美好的结果。考试前，你想象自己考得很成功、很快乐，想象轻松愉快的感觉，潜意识就会让你轻松愉快，你就会考得很成功。

很多科学家已经验证过想象训练是非常有作用的。心理学家曾做了一个著名的实验：

将一批篮球运动员分成了 A、B 两组，A 组接受体育训练，以便投进更多的球；B 组则接受只在头脑中想象投篮场面的训练。结果一段时间后，没有接受实际投篮训练的 B 组进步居然比 A 组还快。

现在让我们闭上双眼，找到一个舒适的姿势，尽量放松，想象自己喜欢的事物——与自己愿望中一模一样的事物：如果是一辆小车，就想象自己在驾着车，看着它，享受它，并把它展示给朋友们看；如果是一个情景或事件，就想象自己身处其中，每一处细节都像自己所希望的那样，还可以想象人们在说什么，或其他使这件事显得真实的细节。把以上形象或念头保持在自己头脑中，在内心对自己做一些十分积极的，肯定的陈述。在说过那些肯定的话后，我们即将结束自己的想象，结束时，对自己坚定地说："我设定的目标一定会实现！""积极的思想和行动使我成功！"

我们在做想像训练时，有一个很好的技巧就是建立一个内心圣殿，即营造一个适宜的心理环境，以便我们随时都可以进入其中。这圣殿是我们放松，宁静，安逸的理想场所，因此我们完全能够按照自己希望的那样去创造它。从此以后，这一地方便成为我们心目中的圣殿，任何时候，只要闭上眼睛，想到那里去，就可以欣然而至。我们将永远能从那里得到放松与宁静，这个地方还将永远是让我们充满力量的地方，每当我们进行放松的时候，就会希望到那里去。

在睡前和醒后进行想象也有很好的效果，因为这两个时间段是输入潜意识的最好时段。所以如果你渴望成功的事业、爱情、婚姻等，请在这两个时段尽情想象。尤其是在睡觉之前，这些讯息会在睡梦中输入潜意识。整个晚上睡觉的时候，你的潜意识都在帮你把脑海中的这些讯息、影像、图片做整合，从而形成根深蒂固的积极信息。

27

潜意识象个巨大无比的仓库或银行，它可以储存人生所有的认知和思想感情。

9.视觉刺激对潜意识的影响

人的视觉神经通往脑部的数量比听觉神经通往脑部的数量多了22倍，换句话说，视觉神经的发达程度是听觉神经的23倍。

潜意识是不辨真假的，在潜意识中，人会不断地把自己看到的图像当做真实的去接受，就会不断地塑造自己的心像，当他从心中相信那一切已是他的所有，**坚信自己就是那样的一个人，他就会不断地向那个方向发展，最终很有可能让一切成为现实。**

有一位女业务员，她不仅业绩突出，而且每天充满活力。她的风度、活力、热情都是引人注目的。当有人赞美她的魅力时，她说：

"开始的时候，我缺乏活力、萎靡不振，后来我想改变，让自己充满活力，可是我对自己的身心状况一点也不了解。虽然我人长得不错，身材也好，但总是给人一种病态的感觉。后来我看了一场张惠妹的演唱会，她的奔放、她的活力、她的洒脱，令我振奋。我心生灵感，我要拥有像她那样的魅力。于是，我为了实现理想，就买了一幅大大的张惠妹肖像画。我把它挂在卧室墙上最醒目的地方，以便随时向她看齐。没想到，这种方法比我想象的还有效。因为每次我回到家，她活力四射的身影就会映入眼帘。每次看到她灿烂的笑容，都会令我产生无限的活力与热情。随着我的心灵训练及努力锻炼，我的热情与活力竟然渐渐地接近了她。"

视觉看到的东西是形象真实的，视觉的效果要比你用文字写上几句话的效果要好得多，并且潜意识更容易接受形象真实的信息。

因为这种信息能够被它直接接受，所以当你一次一次地看到你的目标景象时，你的潜意识会很快接受，并自动组织力量，积极引导你走向成功。

你可以经常用肉眼去看你所期望达成的目标。假如你想拥有一辆车子，那么，你可以先翻翻各种各样的车辆广告，从中找出理想的轿车图片，仔细观看它的颜色、光泽、造型，然后把它剪下来，贴在日记本的扉页上。

当你走到街上，看到川流不息的车流，看到停车场上众多的车，你要仔细搜寻你想要的那种车，甚至跟它仅仅颜色一样的，你都要很留心地看。

如果经常这样，那么当你再走到街上时，你会很容易发现你自己想要的车，你会经常说："我的车就是这样的!"或者说："我要买的车的颜色就是这种颜色。"

当你经常真实地看到你想要的车时，你的神经是兴奋的，你做起事来也感到很有力量。你内在想拥有它的欲望就会被激发。

总之，不论有什么目标、什么梦想，现在就立刻去将

视觉看到的东西是形象真实的，视觉的效果要比你用文字写上几句话的效果要好得多，并且潜意识更容易接受形象真实的信息。

它图像化、视觉化，找一些图片，或剪下来，看着它们。只要视觉刺激潜意识的次数足够多，你就会不知不觉配合你的目标，做出自己意想不到的行动，甚至自动吸引一切会帮你实现目标的人、事、物来实现你的梦想。

第2章　比药物更厉害的"潜意识力"

　　潜意识不停地影响着我们的所有生命功能。它比任何医生或药物更厉害，当身心状态由于某种原因而导致不平衡时，潜意识会适时地发出警报，并且自动开始治疗身体的疾病。

1.潜意识是我们身体的主宰

潜意识是身体的主宰者，它从不休息，总在不停地工作。我们睡着的时候，我们的心脏会继续有节奏地跳动，我们的呼吸不会停下，一呼一吸，让我们的血液吸取新鲜的空气，我们的消化系统、腺体分泌都在一刻不停地运转，我们皮肤上的毛发继续生长……

人体与病原体长期处于抗争状态，在漫长的进化过程中，人类的潜意识中已建立起严密的防御系统，它会使用各种行为策略避免生病。例如，成千上万种细菌是不能够穿透皮肤进入体内的；肺的内层能够释放"灭菌化合物"，能够杀死病菌；细胞被蛋白质保护，病毒无法侵入；一些敢直面免疫细胞的病原体，免疫细胞也会产生抗体，将其杀死……

这样严密的防御系统，可能我们无法想象，它需要花上亿万年的时间才能建立起来。我们那些"单细胞"祖先曾经经受着病毒的侵害与折磨……当他们稍大点，就被病毒感染了……后来，有了肠子，可是肠子又被蠕虫侵害等。世间万物都是相生相克的。慢慢地就有了稍微能与病原体抗衡的"变体"。再经过成千上万代，"变体之变体"就变成了我们今天多样的免疫细胞了。

容易得病的人对疾病更具警惕性。密歇根州立大学心理学家卡洛斯·纳瓦瑞特和同事通过观察研究孕妇来探讨这个问题。在怀孕的头三个月里，口腔疾病是最具危险性的。当女性刚怀孕，她的免疫系统就会被抑制，以免会在不经意间伤到胎儿，在怀孕后期将恢复。同时，胎儿也将自己具备免疫系统。

当然，人类的防御系统的发展从来没有停止它前进的脚步，因为，病原体不会停下来。

但潜意识会不惜一切代价来保护你，恢复你的健康。它让你爱孩子，并由此本能地去爱一切生命。如果你不幸误食了腐坏的食物，你的潜意识会让你反胃或吐出来。如果你不经心地吃下一点毒物，你的潜意识会尽一切努力中和它。

潜意识是仁慈的，又是冷酷的。它是保佑你的"神灵"，又是惩罚你的"神灵"。它能避免生病，也能制造出疾病。

从人类各种疾病的产生原因看，现代医学往往过于偏重疾病产生的物质原因，忽略或轻视精神因素的致病原因，更没有重视人类潜意识本身所直接制造的大量疾病。

这里有一个潜意识制造疾病的典型例子。

在美国加州的蒙特利公园的一场足球赛中，有四个观众无明显原因地病倒了。症状表现为恶心呕吐，诊治医生经过了解，发现这四个人都喝了看台下面的自动售饮料机中的饮料。如果机器遭受污染的话，要避免更多的人得

33

影响一个人潜意识最重要的关键，就是要不断地重复，不断地重复，再一次地重复，大量地重复，随时随地不断想着自己成功富有的样子。

病，最稳妥的办法是立即通过播音告诉全场的观众，不要去买这些机器所售的饮料，以免引起更多的人中毒。主办单位十分负责，马上播音通知全场观众。可令他们万万没有想到的是，看台周围的人们一听到广播，不少人开始呕吐昏倒，许多人逃离比赛现场，将近200人突然病得无法移动，加州五家医院的救护车被紧急调动抢救病人，总共有近100人住院。

可调查化验后发现，自动饮料机中的饮料没有任何问题。当这个消息一宣布，尚未被救护车拉走的"病人"立即康复了，而医院里的病人听到消息后也好转出院了。

这是一个潜意识制造疾病的典型案例，类似的例子可以说比比皆是。

潜意识制造疾病的过程之快，令人难以想象。一句话刚说完，潜意识立即就制造出症状来了。可见人类的潜意识在制造疾病和症状方面的能力，同样是当今的医学所无法估量的。

潜意识主宰着我们的身体，主宰的内容几乎包括了所有医学界所创造出来的人体生命活动的用词；如内分泌、脏腑运动功能、细胞活动、免疫系统、自愈修复系统、再生系统、循环系统等所有人体内部的生命活动。

问题的关键是：潜意识在碰到"情况"时，发出什么样的指令？是修复疾病的指令还是制造疾病的指令？

上例中，喝过自动售货机中的饮料的数百位观众，听到广播员告诫售货机中的饮料已经变质，会导致急性疾病的时候，一种喝了腐败变质的饮料会引起急性消化道疾病的观念，便立即被启动了，潜意识迅速做出反应，并对身体发出把喝下去的饮料吐出去的指令，于是数百位本来没有急性消化道疾病的观众便同时出现了呕吐现象，加上急救车发出令人恐惧的警报声，又变成了更为强烈的直接的感官信息，更强化了播音员发布的疾病信息，并被显意识迅速捕捉并输入到潜意识，使得"我喝了该死的饮料已经得病"的信息，被迅速强化、夸大，于是潜意识又迅速发出了得病应有的全身反应的指令，二百多位观众立即"病"得全身无力，无法挪动了。当这些"患者"收到"饮料没问题"的信息后，潜意识又发出了正常的指令，所有患者的症状立即消失得无影无踪。

那么让我们好好想想，造成观众生病和康复的原因是什么呢？是饮料本身吗？

从物质的层面去理解的话，这些饮料并没有变质，因此饮料本身对这数百位观众身体的作用理应是无害的。可呕吐是真实的，二百多位"患者"，感到浑身无力，无法挪动身体的症状也是真实的。如果仅从症状看，医院所采取的一切抢救措施，输液、抗生素治疗、止呕吐的药物治疗，应该都是无可非议的。尽管这些治疗本身所使用的手段和药物，或多或少都会给患者的肌体带来程度不同的伤害，也是临床医学中所允许的，因为对于医生来说，对症治疗是经典医学的必要手段。但假如我们把这一切连贯起来分析，结论也许就不一样了。因为这些患者并没有真正饮用有害物质，饮料本身并没有伤害他们的身体。

倘若我们事先了解了这一点，那么紧急动员五家医院

35

潜意识的力量比意识的力量大三万倍以上。只要你有效而积极地运用潜意识的力量，相信你所有的目标都会实现的。

的救护车，以及近100位患者的住院抢救，使用了大量对人体有害的抗生素和止呕吐药物，是否真的必要呢？也许读者会说："你这是事后诸葛亮"！

是的！许多人事后埋怨，自然是于事无补的。如果事前深入的思考，从而对现象发生的本质有所觉悟，发掘出人类潜意识制造疾病症状的机理和规律的话，对完善人类的医学思想将是十分有益的！

2.有症状并不等于就有了疾病

在一般情况下，潜意识能让人的身体保持自然的平衡。在常规的医学界看来，身体的部分平衡是通过一种被称之为自主神经系统的特殊人体神经系统来实现的，自主神经系统分为副交感神经系统和交感神经系统，这两个系统对许多身体的器官和肌肉起着不同的作用。一般来讲，自主神经系统是不由我们的意识控制的，它由潜意识控制，自然而然地运转，并且具有自反性，在平常的生活中我们不会注意到它。

潜意识在我们身体"一切正常"的时候，使身体处于放松和平衡的状态：心跳保持在平均速度、呼吸平稳平静、消化过程活跃；而如果受到某种刺激，潜意识就能调动身体的变化。

比如，一个人被抢劫者推到小巷子，无论是逃跑还是反击，他的潜意识会被激发开始工作以帮助他脱离危险。这时他的身体会发生很多变化：血压升高、心跳速度加快、呼吸加速、消化过程暂停。

这类身体变化不仅在人害怕时出现，也出现在像焦虑、惊喜和疼痛的时候。这些身体变化虽然都是身体适当运行不可或缺的部分，但还是经常被当做症状，被视为疾病。

被理解为不舒服，或被假定为疾病后果的身体感觉被称之为症状。就是说在某种情况下，我们讨论的所有健康以及正常运转的身体的感觉都能被称为症状。

37

我们知道，人得病的第一依据是症状，除了例行的体检外，临床所做的各项检查，往往都是针对"病人"求医时自述的不适症状而采取的相应措施。有了不适的症状，人感觉不舒服了，才会想到去医生那里检查，找出引起不适的原因，给予对症的治疗，以消除身体的不适。这是人得病、求诊、求治的逻辑关系。任何一个精力旺盛、身体无任何不适的人，通常是不会无缘无故地往医院跑的。

当你朗诵或默诵你的自我暗示用语时要把感情贯注进去，否则光嘴里念着是不会有结果的，你的潜意识是依靠思想和感受的协调去运作的。

什么是症状？是人体不舒服的感觉！既然是感觉，就可能出现两种情况：一种是身体的确有病而导致的不舒服，这是一种客观的感受，通常可以在临床检查中得到证实或确诊。另一种则是身体并没有什么病变，同样也感觉不舒服，这极有可能仅仅是主观的感受，是患者的潜意识直接制造出来的不舒服。

当有了我们认为不合适的身体感觉时，症状就会出现。所以，如果你相信身体感觉是由疾病引起的，那么身体的任何变化都能被理解为是疾病症状。但是，疾病与症状是两个不同的概念，症状的存在并不等于疾病的存在。

绝大多数人在去医院之前，我们的初步诊断一般是基于我们对疾病的了解以及学到的关于疾病的知识。这就是说，我们的病史、我们对疾病过程的了解、疾病症状的社会影响以及我们如何对待它们的社会影响，都会影响我们理解身体变化迹象以及症状的方式。比如，随着我们慢慢长大，我们知道特定的感觉一定是特定的状况所导致的，我们也知道这些状况会带来什么后果，同时也会有治疗方法。想一想右太阳穴悸动，一般这个症状是在暗示什么？它将会带来什么样的后果，以及怎么缓解这种症状？大多数人都将这种症状和头疼联系在一起。我们通过自己的亲身经历，或者观察父母或兄弟姐妹的经历了解到，当我们头疼的时候，我们所做的事情可能会受到限制。我们所了解到的事情同样影响我们的决定：是休息、直接买止疼药，还是去找医生。但是，当父亲告诉你，他在中风之前会感到右太阳穴悸动，那么你可能就会对此事快速做出不一样的反应。你可能会想，"天哪，我也有这样的症状！"

问题的关键是，我们的经历使我们形成了自己的理解，在有的情况下，可能会误解身体变化的方式。

人体生命活动，尤其是人体内部这个复杂的生命活动的系统，对于今天的医学科学来说，还有数不清的疑团。按照现代科学只注重微观物质研究的思维方式去研究生命，恐怕永远无法揭开人类生命活动的内在关系，也无法甄别现实中有"症状"的人，哪些症状是生理性疾病造出来的，哪些症状是潜意识造出来的。

3.心理原因能导致生理疾病

心理、生理是相互联系的，是相互转化的。人的心理作用会对身体机能产生显著的影响。可以说，绝大部分疾病都有心理原因，很多生理疾病可以从心理入手治疗，这是事物的一方面。另一方面，生理的变化也可以反过来影响心理的变化。

更详细地说，在疾病分析中，有几个相联系的因素要并列出来：一，表层心理；二，深层心理，即潜意识；三，潜意识中储存的信息；四，生理疾病。

这四个因素是相连的，可以综合入手；也可以只从表层心理入手；也可以用弗洛伊德的自由联想，或用催眠，从潜意识入手；也可以从提取潜意识中储存的信息入手；还可以直接用一般医疗手段，吃药、打针、按摩、针灸、理疗，直接从生理疾病入手。

就疾病学而言，如何搞清楚心理、生理之间的相互关系，找到疾病的心理、生理两方面机制，是非常重要的。

阿玉的右侧手臂疼了很久了，以前这只手偶尔酸软无

39

心理、生理是相互联系的，是相互转化的。人的心理作用会对身体机能产生显著的影响。

力，几年前她住在舅舅、舅母家里，手臂突然疼了起来，什么都做不成。她就去医院检查，查了很多项目，却什么问题都没检查出来。因为手臂疼痛，给舅舅、舅母添了不少麻烦，她干脆就搬了出来，自己租房子住。可是没想到，刚搬出来没几天，手臂竟然不疼了。阿玉可以正常地生活、工作、后来还结了婚。

但自结婚后，阿玉又发现手臂形如疼痛。她刚结婚才一个月，疼痛却越来越严重了。疼痛就是在婚礼前的那几天开始的。那一天，她正在整理自己的物品，想到就要与自己心爱的人生活在一起，她的心情很愉快。可是，就在推门进卧室准备把一件小饰品挂在床头的时候，不知为什么，右手臂突然钻心地疼起来，以致失手把饰品掉在地上。从那天开始，这只手臂就经常疼痛，连开门都很费力气，有时会疼得难以忍受。不过她还是忍住了疼痛，把婚礼坚持了下来。

婚礼之后，这种疼痛不但没有停止，反而有愈来愈强的趋势。老公很心疼她，把家务都包了过去，催促阿玉去医院检查。到了医院，医生仔细地检查她手臂的情况，结果仍是没有发现任何问题。

疼痛依旧，回到家里，疼痛似乎就加强，而离开了家，疼痛似乎就减弱了，这样，阿玉就更愿意把时间花在单位里，而不愿意回家。新婚的丈夫对此挺有意见。

阿玉跟老公感情基础很深厚，两个人认识了三年后结的婚。但由于这种奇怪的疼痛的影响，两人结婚以来的生活并不快乐，她整天愁眉苦脸的，也影响了丈夫的情绪，再加上她总是加班，老公觉得她是在逃避自己，两人之间的亲热已经基本停止了。不过，看到阿玉痛苦的表情，又觉得是冤枉了她，想来想去，觉得她可能是太过紧张所致，就让她去看心理医生。

　　心理医生经过一番询问，觉得一定是她最深的心结所致，决定通过催眠来发现隐藏在她潜意识里的秘密。

　　在深入的催眠状态下，心理医生发现了隐藏在阿玉童年早期的一个心理创伤。

　　原来，在阿玉四岁的时候，有一次，她午睡后醒来，发现母亲不在身边，就急着找到她。于是她就直奔父母的房门口，看到父母的房门是虚掩的，她想都没想就推开门。没想到，却正看到了父母正在亲热的场面。面对突然闯入的女儿，父亲当场大声呵斥她，让她出去。她被吓坏了，掉头跑到自己的房间，然后就开始哭。这件事给她很大的刺激，从那以后，她就变得畏缩起来，不敢和父母说话，开朗的性格变得忧郁起来。这个心理创伤还给她带来一个明显的后遗症，就是她对打开房门有一种强烈的恐惧。生活中出入房间总是需要先打开门，但每当她要开一扇门的时候，似乎房门后面就会有什么让她恐惧的事情发生，潜意识里的那种恐惧感就涌了上来。这时，潜意识会让她拒绝去打开这样的门。

　　这种对开门的恐惧最终转化为生理上的表现，就是手臂的疼痛，疼痛的手臂给了她一个不用开门的正当的理由。

　　当心理医生与她一起找到病痛的原因后，阿玉如释重负。说来也奇怪，一旦认识到了童年的那场不该发生的事情中，自己完全是无辜的、不该受到责备时，她的疼痛竟然很快减轻了；又过了几个星期，她的疼痛完全好了，和

41

　　不断对自己说：在每一天，在我的生命里面，我都越来越好。

丈夫之间终于有了融洽的关系。

其实，正是潜意识里那股压抑的创伤得到了彻底的释放，才让阿玉转变得如此之快。

潜意识几乎参与了绝大多数疾病，成为其原因。不明白这个道理，往往是头疼医头，脚疼医脚。所以，当我们发现自己生理上出现了某种病痛的时候，不妨试着分析一下潜意识，或许就会找到原因。

42

4.疾病是能被"暗示"出来的

暗示可以在人的机体中引起相当大的变化，当潜意识接收某种暗示后，生理上会出现相应的变化。

一位爱搞恶作剧的年轻人曾经和他办公室的一位同事开过这样的玩笑：他和其他同事商量好，等到最后来上班的一位同事进门后，大家都说他的脸色不太好，看看这位同事会做何反应。

于是，当最后来上班的同事精神抖擞地推开办公室门后，这位年轻人说道："呀！你昨天没有睡好吧，怎么脸色这么憔悴？"他旁边的同事也帮腔道："是不是昨晚喝酒了，面色很苍白噢！"开始的时候，被捉弄的同事还说："没有啊！"可是，听着大家都说他脸色不好，这位同事果然变得没精打采，下午的时候，因为觉得身体不舒服，提前请假回家了。

这位年轻人的玩笑的确开过了头，不过他的玩笑之所以有这样的效果，实际上是因为运用了心理学上的暗示效应。

潜意识服从于暗示，它不做任何对比和判断，自己没有主张。一个人在接受暗示以后，不仅可以改变生理状态，还可以影响生理功能，甚至出现各种幻觉。

曾经有人做过这样的实验，在一块木板的中心部位旋转一个支点，让被试者躺在这块木板上，并保持原来的平衡状态，再令其想象自己骑在自行车上，用脚蹬车的情景，而不做实际动作。经过这样的一段暗示后，一般都会出现靠脚的一端下降，靠头的那一端上升，导致失去原来的平衡。研究证实，这是由于被试者本身在用力蹬车这样一个暗示的影响下，下肢出现了意向性运动，这种意向性运动造成下肢血管扩张，血液量增多，重量相对增加，从而使平衡遭到破坏的现象。

还有其他的一些实验，也充分地说明了暗示的作用。如对个体进行已经吃饭的暗示，结果会引起只有在真正进食后才能出现的血液中白细胞增多的现象；而当对个体进行饥饿的暗示时，则会表现出与真正饥饿时相同的血液中的白细胞含量降低的现象。由暗示使人产生寒冷感觉时，吸进氧气呼出二氧化碳量会增加30%，这与真正处于寒冷状态下呼吸情况是一样的。还有一种暗示性较强的"假性烫

43

如果你是消极地对待潜意识，它只为你带来麻烦、困惑和失败；如果你积极地对待它，它就能引导你，为你带来自由和安宁。

伤"，当用木棒轻轻接触被实验者的皮肤，并暗示这是用烧红的烙铁在烙他时，过一段时间令人惊奇地看到接触部位或出现类似烫伤的肿泡。

消极的不断重复的暗示，可以产生单一的概念而使人的心理和生理发生变化，造成人体各系统之间的功能紊乱，代谢失调。现在有一种奇怪的疾病叫做假性怀孕，就是一个很想生个孩子的女性，有时候会突然停经，肚子也会胀大，但是里面并不是胎儿。女性的月经，是人体系统自组织的，它也会受潜意识的影响。

不良的暗示，对于导致疾病发生发展和转归都有直接关系。例如：一个人偶然不舒服，怀疑自己健康状况欠佳，于是想到，这可能是病的开始吧！然后，他感到心也刺痛起来，饭也不想吃，睡也睡不好，便开始不停地求医问药。有的人在住院期间，看到邻床上的病人出现什么症状，他也就出现什么症状。有的人头部不幸碰了一下，眼前发黑，就想到可能我的眼睛被碰瞎了，于是就患了"癔盲"，有的人受到突然的精神刺激，急得说不出话来，就想着我"哑"了吧？于是就患了"癔哑"，或因外伤和不良言语刺激引起一时性"失听"而患了"癔聋"；有的家中因一人患了精神病，与其最亲近的亲属或邻居也都先后出现类似的病态反应，甚至出现区域性流行（在精神病学上称为感应性精神病）。

有的心理暗示能削弱甚至摧毁人的生命。

美国著名心理学家马丁加拉德做过一个实验：一个死囚犯蒙着双眼，被绑在床上，身上被放上了各种探测体温、血压、心电、脑电的仪器。法官来到床边宣布对他执行死刑，牧师也祝福他的灵魂早日升入天堂。这时，他被告知将用放血的方法致死。随着法官一声令下，早已准备好的一位助手走上前去，用一块小木片在他的手腕上划了一下，接着把事先准备好的一个水龙头打开，向床下一个铜盆中滴水，发出叮咚的声音。伴随着由快到慢的滴水节奏，死囚产生了极大的恐惧感，他感到自己的血正在一点点流失！各种探测仪器如实地把死囚的各种重量变化记录了下来：囚犯出现典型的"失血"症状；最后，那个死囚昏了过去。

这个实验十分形象地告诉我们心理暗示对人的生理机能的影响有多大。

20世纪发生在匈牙利的一件事也证明了心理暗示对生理机能的巨大影响。

一个男人被误关进冷藏库里，等第二天早上打开冷藏库，才发现这个人，不过他已经被冻死了。在调查过程中发现一件怪事：冷藏车的冷冻机是关着的，里面的温度为10℃左右，这个温度并不能把人冻死。而且，冷藏室足够大，有充足的氧气。但是，他身上具备所有因为过冷而死的症状。唯一能解释的就是：这个人被关之后，不断地暗示自己，这里太冷了，时间不长自己就会被冻死。结果，潜意识接受了暗示，于是就放弃了呼吸、心跳、脉搏等一切生命生存所必需的活动，尽管显意识中人是怕死的，但最终潜意识发挥了作用，"冻死"了自己。

45

怀着坚定的信心，将心中所想的交给潜意识，它就会为你带来结果。

　　这个例子说明，一个人的潜意识接受了什么暗示，就会让他的身体作出什么反应。

　　不过，不同人接受暗示的程度是不相同的，有的较易，有的较难。

　　假定你在上船时见到一位看起来很胆怯的乘客，然后你就上去向他说："你看起来气色不好，脸色发白，我担心你可能要晕船，让我来扶你去客舱。"

　　这位乘客听到你所讲的话，使他原本的担心更加重了；一想到晕船就是脸色发白，他就不得不接受你的帮助了。这就是消极的暗示起了作用。

　　但是，如果你见到一个健壮的船员也走上前去对他说："噢，兄弟，你看上去一定病得不轻，难道你不觉得吗？我看你肯定会晕船的。"

　　他要么笑你在开玩笑，要么会显得有点生气。你的暗示在他身上没起作用，因为在他心里，他具有对晕船的免疫力，这种免疫力会使他非常自信，毫无负担。

　　不同的人对相同的暗示会产生不同的反应，因为他们潜意识中的意志和信仰不同。

　　在这个例子中，船员不怕晕船，他对晕船有免疫力，消极的暗示无法引发他对晕船的恐惧。

　　因此，只有当暗示被人从内心接受时才起作用。这就说明潜意识的动力会受到一定程度的限制。

5.许多病是在"需要"时生的

在研究病症的历史和背景时,已有心理专家发现,许多病是在"需要"时生的,而且往往与生病的"好处"相联系。

一个人生病,第一是病给自己的,第二是病给他人也即家人、亲朋好友及周边社会环境的。生病的"好处"主要有如下这些。

(1)缓解责任、义务的压力,使人得以推卸责任

每个人都有该尽的责任和义务,做父亲的责任和义务,做母亲的责任和义务,做子女的责任和义务,做朋友的责任和义务,做社会人的责任和义务……当责任和义务对一个人构成了某种不堪承受的压力,或者成了不情愿承担的负担,而另一方面,良心和道义的压力又使他不能逃避责任和义务,这时,潜意识就会让疾病应需而生。人都病了,还能管那么多事吗?这使得处于矛盾中的人解脱了,它可以在不受良心与道义的自谴下推卸责任和义务。

有一次,一位年轻女人来找精神分析学派祖师弗洛伊

47

如果你的思维是积极的、健康的,有建设性的和富有爱心的,就可以战胜困难,迎来你所期待的成功。

德，她有只手臂麻痹，无法做家事，感到很痛苦。弗洛伊德检查过她的手后，发现神经、肌肉一切都正常，既然生理没问题，一定是心理出问题了，于是弗洛伊德推断她的潜意识渴望自己生病。

原来她是独生女，父亲丧偶又残废，在当时的社会风气下，她必须照顾父亲。然而，有人向她求婚，她无法答应，也无法解决她内心的冲突，最后就断绝了来往。就在她结束这段关系后，手臂就麻痹了。弗洛伊德认为她陷入进退两难的局面，她希望有情感的归宿，也必须照顾父亲，这两者无法并存，产生冲突。然而她也厌恶照顾父亲，这种负面情绪是她无法接受的，只好把它压抑下去。直到与男人的关系结束后，这种压抑转换成手臂麻痹，如此一来，她自己也成了残废，那就有理由不必照顾父亲。

（2）缓解过劳的压力，取得休息的权利

人总是在无止境、无节制地追求名利功业。在追求时，欲望的扩张有时不考察力量的限度。过于紧张的压力，过于劳累的压力，是现代社会的普遍现象。身心支持不住了，承受不了了，潜意识会运用各种素材制造一个疾病，使人有理由放缓自己的节奏，获得一定的休息。人在疾病后休息，常常是心安理得的。这表明疾病在此时出现的目的性。疾病在这里解决了欲望无止境与力量有限度之间的矛盾。

（3）缓解生活中各种尖锐矛盾的压力，使人取得时间上缓冲的余地

人常常面临极其尖锐的、几乎是无法解决的矛盾。社会生活中，事业中，生活中，这种矛盾的压力大到一定程度，疾病常常会应需而出现。人有了病，就可以回避矛盾了。

（4）释放过度压抑的情绪

一个人有了某种压抑过分的强烈情绪，比如愤怒、嫉妒、仇恨、悲伤、冤屈、恐惧、焦虑等不良情绪，又没有表达、发泄的方式，只好以疾病的方式隐蔽地表达出来，以求心灵深处的某种平衡。

（5）释放过度的忏悔、羞愧、歉疚、负罪感等情感

比如，因为曾经流产了，觉得对不起未能降临的生命，于是，就有了妇科病。又如，相当一些妇女的乳房疾病（如增生，肿瘤），其实就源于生育之后未尽（或未尽够）哺乳之责。现代医学一般都归于强行止奶对妇女的不良生理影响。其实，妇女由于未尽哺乳之责而在心理上对孩子的歉疚感，常常是致病的更主要原因。临床的心理调查与统计分析已清楚地证明这一点。再如，因为过去打伤过人，或打伤、打死某种动物，有罪恶感，于是，手臂就出现各种各样的疾病。这样，内心就会产生不自觉的自惩后的平衡。

（6）掩盖婚姻关系不和谐，获得心理安慰

很多妇科病是潜意识制造出来的。因为有了妇科病，于是就不能再进行性生活。这就用疾病的假相掩盖了婚姻关系不和谐的真相。这能在一定程度上获得心理安慰：是因为有病而不能继续夫妻生活，而不是因为夫妻关系不好而不能继续夫妻生活。这样，受伤的自尊心就得到了安慰。

此外，制造出一个妇科疾病来，还隐蔽地表达了自

49

一些随口说出的话往往成为失败的致命原因。如，"事情越来越糟"，"我不可能有什么结果了"，"我没办法"，"没希望了"，"我不知该怎么办"。当你说这些话的时候，你的潜意识不会做出积极努力。它像个士兵在原地踏步走，既不向前也不向后。

己的痛苦，这个痛苦之相，除自己之外，谁能看到？是丈夫。她在潜意识中希望以此病痛之相感动丈夫，来获取他的同情、怜悯，以使其回心转意。例如，一个妻子的婚外情被发现了，丈夫很愤怒，妻子很负疚。本来矛盾会很尖锐地爆发，但妻子这时却"恰逢其时"地病倒了，躺在床上了。这个"虚弱"的"表白"使丈夫心软了，气消了，原谅了。

我们的人类社会对于病患者从来是很少追究过失的，都是多多给予宽谅的。一些服刑囚犯重病了都可以保外就医。制造疾病求好处的逻辑与社会给予疾病好处的逻辑，是对应的。

潜意识就是这样制造出疾病。**很多人甚至能够体会到自己制造疾病时那种"有意无意"的感觉。**也就是说，那个病虽然是自己并不愿意得的，是被迫的，无意的，但是，又多少有一些"有意"的成分。**在疾病出现前，自己的内心就有一个"要病"的念头。**

潜意识有了生病的需要，也不是随意地就可以制造疾病，它要根据情况。

一是运用各种自然性因素的刺激与压力。例如各种"致病因素"，微生物因素，机械因素，物理因素，化学因素，过敏原的因素，还有气候、温度、湿度等客观条件，等等。

二是运用各种社会和心理性诱因与素材。例如，一个人因为长期的环境压力，有了极大的生病"需要"，这是背景。这时，突然又有一个社会性因素刺激他，譬如一个来自家庭、社会环境的对他有打击的坏消息。这时可能就突然爆发了某种疾病。

三是运用人自身的心身薄弱处。譬如，年老体弱，先天有什么生理缺陷，过劳，营养缺乏或过剩，精神紧张，情绪不好(这同时也是生病需要的一部分),身体某一部分因为先天原因,或因为后天过劳等原因突出地薄弱,等等。

四是运用给疾病以好处的文化。这不仅确定了疾病获取好处的目的性,而且,在一定程度上还确定疾病的形式。因为目的有不同,达到目的的疾病形式也该有不同。只是为了达到家人的些微安慰,或者为了休息两天,绝不至于制造一个走向死亡的绝症。而为了解脱无法活下去的巨大痛苦,也不会仅仅制造一个轻微的感冒。

五是运用各种疾病发生的理论形成的暗示。譬如,医学、卫生学、保健学、养生学、生理学等这些学说的众多观点,一方面在指导医疗、康复、健康实践,造福于人类;另一方面又在某种程度上包围、浸透、腐蚀人类,每日每时在制造疾病,造祸于人类。相当多的疾病,在某种程度上是被有关疾病的理论、观念暗示出来或者说是暗示促成的。特别是在医疗彻底商品化的现代,一切医药、医疗器械、保健产品的倾销,都在用疾病威慑和恐吓民众。有些医疗广告策划人的成功经验就是"恐吓"二字。这一类医药卫生产品的商业化行为,在某种程度上与其说是在消灭疾病,不如说是在制造疾病。接受了错误的医学观和疾病观后,必然会直接影响人类的潜意识,而人类的潜意识一旦出现了偏差,必然导致对待健康、对待疾病的行为也出现偏差。

51

发挥潜意识的作用,不要用意志力去有意识地干预它。要想象事情的结果,感受自由的心态。

6.潜意识能制造出不治之症

潜意识不仅制造一般的疾病，还制造疾病的最高形式，即绝症。

大量的不治之症，在一定程度上，是潜意识制造出来的产品。就是说，一些不治之症，是人们心中"想"出来的。

潜意识因为有了压力，于是用隐喻的手法，制造某种胃部疾病，肠部疾病，或消化系统各种其他的疾病。当这种疾病还未达到目的时，还未能解决思想上的问题时，而且情况更加恶化时，它可能恶化，最后演变成绝症，比如我们最常见的绝症：癌症。

最新的理论认为，人体细胞内天然就存在着一组能使细胞发生癌变的癌基因。现在，科学家已经能够在膀胱癌、肺癌、结肠癌等二十多种肿瘤病人的细胞中分离出癌基因。癌基因在正常情况下非但无害，不会发生癌变，而且对正常细胞的生长和分化起着重要的作用。为什么并不是每个人都会得癌症？癌基因为什么不会随便发生癌变？这就说明人体里天然就有着制止癌变的能力。我们可以把这种能力归于潜意识的自组织能力。既然潜意识里有这种能力，就可以想得到是因为各种内在或外在的原因，干扰了潜意识制止癌变的能力，诱导癌基因发生癌变。

我们可以从下面的例子中具体看出癌症是怎么来的。

患者是一位女性，婚后，夫妻关系良好，被人羡慕。

后来外部环境发生了变故，事情结束后，丈夫对她十分冷漠。虽然夫妻俩仍保持着家庭形式的完整，但是，已经失去曾经的亲密，白天各上各的班，晚上回家打个照面，彼此无话可说。冷漠的家庭关系，自然对这位女士形成持久的压力。她先是患上妇科病，继而是消化系统的疾病，比如胃炎胃溃疡、长期便秘。

这个家庭，就这样维持了下来，体检时，她也未发现更严重的问题，因为在生活中，她还有两个重要支撑，一个是上班，一个是带孙子。

后来，这两个支撑，她又先后丧失了。

先是退休。这对于一个几十年来习惯上班的人，不啻一次精神上的重创，她待在家中，很是郁闷。不久，一直带在身边的孙子到了入学年龄，被父母领走。她的生活一下出现巨大的空白。与丈夫关系的冷漠，这时成为对她的全部压力。她难以承受，又生性自负，压着不说，偶尔对女儿慨叹一两句："活着很难""人活着，真没意思"。

没过多久，她患上肠癌。虽经手术药物多方治疗，一年多后，她还是去世了。临终前，她还对女儿谈到自己很难面对的现状。

"人活着，真没意思"的内心独白，让我们有理由想到，癌症正是她潜意识当中"活不下去"的象征图画。

很多人会说，谁都愿意活下去啊。

53

要持有一种单纯的、孩子气的、异想天开的信仰。想象自己没有任何麻烦，感受自由自在的快乐，排除所有的杂念。智慧往往存在于简单之中。

是的，大多数人愿意活下去，包括绝大多数癌症患者，在治疗过程中，表现出强烈的求生欲望与战胜疾病的决心。对于有些癌症患者来说，一方面在显意识中，确实想活下去，另一方面潜意识中，又有"活不下去"的苦闷。人的心理就是这样对立统一着。

有一位女士，丈夫有了第三者，与她离婚。很快，丈夫与第三者结婚。对这位女士来说，这是毁灭性的打击。过去，她的身体一直不错。离婚不久，她患了癌症。

熟悉她的人都认为，这是婚姻失败后，"痛不欲生"造出来的癌症。

"以前好好的，离婚没多久，就得了癌症。"许多人说她真够傻的，为了婚姻把命都搭上，很不值得。

如果真正进入这位女士的内心，我们就会发现，有些时候，死亡比某种精神上的痛苦更容易接受。

人们常说，"死是一种解脱"，如果一个女人将一生的幸福，系于婚姻与家庭，她曾为这个家庭做出种种奉献与牺牲，她把这个婚姻看成人生成败的主要价值评价，看成自己的人格、尊严与骄傲，当她遭受失败的打击时，必定难以面对。

当一个人"活下去"显得比死亡更痛苦时，潜意识就可能制造出"不治之症"。

"活不下去"的心理感受，也是多种多样的。

一位公司老总事业有成，表面上看，很是风光，但是，他活得很累、很焦虑，有时脆弱到不能上电梯、坐汽车。到医院一看，是焦虑症，伴有血压高、肠胃病。这一切都挡不住他的野心与贪念。有一天，医院一检查，说他得了癌症，自然引起家人的恐慌，他反倒安静下来。

事后，他说，那是一种从来没有过的安然，身体都成了这样，什么都用不着操心；于是，他把公司业务交代给手下，自己专心养病。平日里修心、修性，吃野菜、爬荒山，摘野果，一下子活得放松了，他甚至能够从容地安慰家人。

所幸的是，后来确诊不是癌症。

这位老总得知自己患癌症时，竟然不是恐慌，而是解脱，可见他先前那种高度紧张的压力，那种"活下来"的困难，已经超过对"死"的恐惧。

潜意识制造不治之症也不是一步到位的。我们知道，癌症不是突发病，常常从其他病症演变而来。一般的良性肿瘤，最初是以隐喻的心理制造出来的，以表明患者在家庭生活中的不良处境。如果这种疾病长期未能解决矛盾，事态进一步恶化，心理压力进一步加大，它便有可能演变成癌症。有些癌症病人，似乎从一开始发现疾病就是癌症，是因为癌症前的疾病未引起重视。

有些病人承受的心理压力，是以突发的、剧烈的、摧毁性的重创形式出现的，比如车祸、火灾等灾难中失去亲人等。潜意识可能在以隐喻手法制造一般性疾病的同时，已经开始制造癌症。在这种情况下，癌症来得快，没有

55

一种让潜意识产生回应的奇妙方法就是训练有素的想象。潜意识是你身体的建造者，它控制着身体的所有功能。你要相信你的潜意识，想象自己已经处在这种状态中。当你能保持这种想象中的情绪时，你就会感受到潜意识为你带来的喜悦。

太明显和长时间的"准备形式"阶段。但这种情况同样存在"不想活了"的潜在意念，潜意识中产生了一种要制造死亡疾病的冲动。

7.不少癌症患者是被吓死的

多年以来，癌症夺去了无数人的生命，人们谈癌色变。许多患者在不知道自己患有癌症时，还可以维持相当长久的生命，而一旦获悉自己病情，就会迅速崩溃，很快死亡了。也有并没得癌症但被误诊为癌症而吓死的病例。

前面我们说过，现代社会有关疾病与死亡的各种理论，尤其是一些商业宣传，对于人类疾病的发生、发展与死亡，有时也负有某种"责任"。这些信息暗示影响了潜意识，导致很多疾病的产生、发展和恶化，也导致癌症的产生、发展和恶化。

心理暗示导致的精神紧张、情绪压抑、心情苦闷、悲观失望等不良心理状态是癌症的促进剂。德国学者巴尔特鲁施博士调查了8000位不同的癌症病人，发现大多数癌症都发生在失望、孤独、懊丧等严重的精神压力状态下。现实生活中，大多数的癌症患者也都是经受过某种变故，表情上也多是一脸阴暗；甚至电视或电影等文学作品中也为癌症患者发现自己的病情设计了类似的场景。

现在有一些医药财团为了经济利益，以宣传医学知识为名，利用媒体制造某类疾病的恐怖，例如说宫颈炎症会导致宫颈癌的发生；炎症会产生癌变，没炎症的地方，也会产生癌变，所以，癌变不是炎症的发展的必然。这样的宣传，没科学依据，却给人们的潜意识灌输了大量的消极信息。

患癌不是必死，却被错认为必死后，一个最可怕的"副作用"是潜意识受到消极暗示，自卫系统被摧毁。人们一听到说自己得了癌症，便日夜不安，天天吃不下，睡不着，潜意识没有办法再像以前那样抗癌，相反帮助了癌肿块的发展。所以，医学家才会说，80%的癌症患者死于恐惧。患癌本来就像疔、疮、痈、疽一样，并不会致人死命，现代医学却把它宣传得十分凶恶，结果就使得患癌的病人，活活给吓死了。

癌症病人的精神状况是影响癌症进展的重要因素。有个肝癌病例，癌块有2.3公斤，手术后竟然活了十多年，医院院庆时请来这个患者照个相，究其原因，幸好他是个农民，对癌症这种恐惧症一无所知，告诉他癌块切掉了，他就真的相信了，所以开心地活了下来，如果是个知识分子，到处找书、找资料来看，懂得越多，死得越快。

医务人员患肝癌，就没有能活过半年的，因为他们懂得太多了。一旦发现患上癌症，就整天想着会如何扩散、转移，这等于让潜意识指挥癌细胞到处乱窜，能活得久吗？有位三甲医院的外科医生路过本院B超室，突然想起来近期偶有肝区不适，顺便做了个肝胆B超，发现肝内约6厘米的肝癌病灶，只活了一个星期，显然是被吓死的。这还

57

患癌不是必死，却被错认为必死后，一个最可怕的"副作用"是潜意识受到消极暗示，自卫系统被摧毁。

不是结束得最快的案例，有的人得知诊断后，当天晚上就被吓死了。

因此，如果真的很不幸被检查出癌症，也千万别成了被吓死的那个人。悲观失望或恐惧的情绪是癌症恶化的催化剂，乐观自信的态度是战胜癌症的前提，每一个从癌症中活出来的人都是乐观、豁达的，无所畏惧，并没被肿瘤吓倒。经常听到这样的例子，某人患癌症之后，将癌症与生死均置之度外，或到处旅游，或下乡闲居养生，等游完归来或颐养过后，发现癌症已不治而愈。

分析起来，**奇迹发生的原因主要是当事人对死亡没有任何恐惧，心理和生理状态都调整到最佳水平，潜意识就可以调动机体的免疫系统最大限度地发挥作用。**

可是，一些癌症患者急急忙忙寻求手术切除或放、化疗，其结果是加速了癌扩散或摧毁了人体自身的抗病能力，加速剥夺了自己生存的希望。所以，癌症患者千万不要轻易被吓死。

第3章 你知道为什么有些人那么聪明吗

为什么有的人能拥有令人惊讶的力量，能取得超乎想象的成就？科学研究发现，这些人只不过比常人多发挥了一点潜能而已。其实，每一个人都具有巨大的潜能，它就藏在潜意识中，只要懂得开发这种与生俱来的能力，我们甚至可以比那些人更敏锐！更聪明！

1.潜意识中蕴涵着巨大潜能

我们每个人都有巨大的潜能。心理学家们研究发现，人的潜能就存在于潜意识之中。我们的潜意识，对我们的身体和力量，有着令人难以相信的影响。

著名的英国心理学家哈德飞，在他那本非常了不起的只有54页的小书《力量心理学》里，对这种力量有惊人的说明。"我请来三个人，"他写道，"以便实验心理对生理的影响。我们以握力计来度量数据。"他要他们在三种不同的情况下，尽全力抓紧握力计。

在一般的清醒状态下，实验对象平均的握力是101磅。然后将他们催眠，并告诉他们，他们非常虚弱。实验的结果，他们的握力只有29磅——还不到他们正常力量的1/3。

最后哈德飞再让这些人做第三次实验：在催眠之后，告诉他们说他们非常强壮，结果他们握力平均达到142磅。当他们的潜意识认定自己有力量之后，他们的力量几乎增加了50%。

著名控制论奠基人之一维纳说："我可以完全有把握地说，**每个人，即便他是做出了辉煌成就的人，在他的一生中利用自己的潜能还不到百亿分之一。**"

我们每个人都有140亿个脑细胞，实际生活、工作、学习中却只利用了肉体和心智能源的极小部分。

爱因斯坦的相对论是科学界在20世纪最伟大的发现，它导致了古老物理理论的彻底革命，是近代物理界理论的第三次大综合，从而更坚实地奠定了近代物理学的基石。爱因斯坦死后，致力于医学和心理学研究的业内人士对他的大脑进行了解剖。最后得出的结论让所有人大吃一惊：作为20世纪最伟大的科学家，爱因斯坦大脑在生前的使用率还不到10%，也就是说仍有90%以上的闲置智力资源被白白荒废掉了！

美国麻省理工学院的科学家们也证实了人的大脑可以存储5亿本书。美国国家图书馆的藏书规模为1000万本，人的大脑容量居然是它的50倍！

多么令人震惊的数字，可是对于普通人来说，实际利用情况又是怎样呢？2%~3%。

天哪，这是真的吗？千真万确，不管你对自己取得的成绩多么满意，你仍然有90%甚至更多的潜力没有发挥出来。

以上只是说了大脑方面的智力活动，其他方面还有更令人惊奇的。

日本一家报纸曾报道过一件事：一名日本妇女，在家照顾她两周岁多的儿子，孩子睡着后，母亲把儿子放在小床上，她趁儿子熟睡这段时间去附近的菜市场买菜。

这位母亲买完菜走到居住的楼群时，由于惦记着儿子，她不由得朝自己居住的方向望了一眼。这一望不得了，她发现四楼阳台上有个黑点在蠕动。糟了，"我的儿

61

每个人，即便他是做出了辉煌成就的人，在他的一生中利用自己的潜能还不到百亿分之一。"

子!"她大叫一声，疯狂地往前跑，边跑边喊，"孩子不要往外爬!"但是孩子哪里听得懂呀，他看到妈妈朝他挥手，兴奋的乱蹬乱舞，更起劲地往外爬。

这时要跑到四楼阻止儿子已经来不及了，这位母亲于是就拼命地跑，刚好在儿子掉下来的一刹那，跑过去伸出双臂稳稳地把儿子接住了。

这件事立即在当地引起轰动了，电视台记者来了，要把这人间奇迹摄下来。于是，他们找到这位妇女，要她重复一次。这位妇女惊恐地摇摇头，死也不干。后来，记者说，"不是让你的儿子参加试验，只是找个布娃娃从四楼抛下来，你再去接住。"这位妇女同意了。

但是，一次、二次、三次，布娃娃都掉在了地上，怎么也接不住。这位妇女说："因为孩子不是自己的，并且又是假的。"

另外还有一个类似的例子：

还有一位同样伟大的父亲——希尔斯。希尔斯是个农场主，有个15岁的儿子。时逢暑假，儿子就在农场帮老爸处理一些杂务。一日黄昏，小希尔斯心血来潮，非要亲自驾驶一下拖拉机。希尔斯念在儿子一片好学之心的分上，便答应了，并一再嘱咐要小心。儿子似有开拖拉机的天分，一上去就像老手。挂挡、给油、加速，儿子是过瘾了，可是老爸的心却揪了起来，真是怕什么来什么，还在儿子摇头晃脑得意洋洋时，拖拉机陷进了一个小坑里，差点熄火，儿子猛地给油，谁知给油过猛，拖拉机失去平衡，四轮朝天地翻到路边阴沟里。

希尔斯赶紧跑了过去，试图把已处于昏迷状态的儿子拉出来，可是怎么也拉不动。原来儿子的腿被拖拉机死死地压着。

此时正好有一个人打此路过，也赶来帮忙。希尔斯也没多想，用尽全身力气,从一侧把拖拉机抬离了地面,那个路人把希尔斯的儿子从车下拽了出来,及时地送往了医院。

过程看起来并没有什么值得惊奇的地方,可是你见过那种大型的拖拉机吗?你知道那个铁家伙有多重吗?连希尔斯也纳闷,我怎么一个人就把汽车抬起来了呢?出于好奇,他又试了一次,结果根本就抬不动那辆车子。

需要说明的是,希尔斯身高一米七,体重七十公斤,体格上并没有什么太大的优势。但他在危机情况下,产生了超常的力量。

希尔斯和那位母亲为什么能发挥出超越自己极限的能力呢?医务人员解释为,身体机能对紧急状况产生反应时,肾上腺就大量分泌出激素,传到整个身体,产生出额外的能量。大量肾上腺激素分泌的前提条件,是人的体内能够产生这种多腺体。如果自身没有,任何危机都不能使其分泌出来。由此可见,人确实是存在极大的潜在体能。

从另一个角度看,在危急情况下产生一种超常的力量,并不仅是肉体反应,它还涉及心智精神的力量。当他们看到自己的孩子出现危险时,他们的心智反应是去救孩子,正是这种本能——原始的潜意识,使他们的潜能得到了发挥。

潜能是沉睡在潜意识里的,只要采用正确方法激活它,就能释放出惊人的能量。你可以看不到它,但不能否认它的存在。

任何人,不论聪明才智的高低,成功背景的好坏,都需要善用这股潜在的能力。

63

美国麻省理工学院的科学家们也证实了人的大脑可以存储5亿本书。美国国家图书馆的藏书规模为1000万本,人的大脑容量居然是它的50倍!

2.别给自己的人生高度设限

人类的潜意识里蕴藏着巨大的潜能，每个人都应该尽可能地挖掘这种潜能，相信自己有足够的能力实现理想目标，不要给自己既定的限制。

有位心理学家曾做过一个这样的实验：

往一个玻璃杯里放进一只跳蚤，发现跳蚤立即轻易地跳了出来。再重复几遍，结果还是一样。经过测试，原来跳蚤跳的高度一般可达它身体的400倍左右，简直可以称得上动物界的跳高冠军。

接下来，在跳蚤头上罩一个玻璃罩，让它再跳，这一次跳蚤碰到了玻璃罩。跳蚤显得有点困惑，但是它没有停下来，因为跳蚤的生活方式就是"跳"。一次次起跳，一次次被撞，跳蚤开始变得"聪明"起来了，它开始根据盖子的高度来调整自己跳的高度。再一阵子以后呢，发现这只跳蚤再也没有撞击到这个盖子，而是在盖子下面自由地跳动。

一天后，心理学家把这个盖子轻轻拿掉了，跳蚤还是以原来的这个高度继续地跳。三天以后，他发现这只跳蚤还在那里跳。一周以后发现，这只可怜的跳蚤还在这个玻璃杯里不停地跳着，它已经无法跳出这个玻璃杯了。

人们往往因为害怕去追求成功，而甘愿忍受失败者的生活。难道跳蚤真的不能跳出这个杯子吗？绝对不是。只是它的心里面已经默认了这个杯子的高度是自己无法逾越的。

生活中，是否有许多人也在过着这样的"玻璃罩人生"？年轻时意气风发，屡屡尝试，去争取成功，但是往往事与愿违，屡屡失败。几次失败以后，他们便开始不是抱怨这个世界的不公平，就是怀疑自己的能力，他们不是千方百计去追求成功，而是一再地降低成功的标准，即使原有的"玻璃盖"已被取掉，但他们早已经被撞怕了，不再跳上新的高度了。

很多人不敢去追求成功，不是追求不到成功，而是因为他们的心里面默认了一个"高度"，这个高度常常暗示自己的潜意识：成功是不可能的，这是没有办法做到的。心理高度是人无法取得成就的根本原因之一。所以，不要给自己的人生高度设限！

如果给你一份工作，每年能赚1亿人民币，你会满足吗？那么，你必须连续工作150年，才能赶上现在的陈天桥！

1973年，陈天桥出生在一个家境优越的家庭，从小就聪明伶俐，勤奋好学，是个品学兼优的好孩子。18岁那年，他考入复旦大学，因为成绩特别突出，提前一年毕业，分配在上海一家大型国有企业。第一年，他在基层埋

65

潜能是沉睡在潜意识里的，只要采用正确方法激活它，就能释放出惊人的能量。你可以看不到它，但不能否认它的存在。

头苦干，默默无闻；第二年，他一鸣惊人，升任集团下属分公司的副总经理，21岁的副总经理，在上海滩这是个不小的新闻；第三年，他一飞冲天，做到了集团董事长的秘书。一年一个样，三年大变样，这简直是职场奇迹。

可是，陈天桥的梦想远不止此，就在事业一帆风顺之时，他毅然决定辞职，要去证券公司。临走之前，有朋友好意提醒他："单位马上要分房子了，等分到了房子你再走不迟。"能在上海拥有一套属于自己的房子，是不少年轻人毕生奋斗的理想，那时他参加工作还没几年，如果能分到房子，是无比幸运的事情。可他却不以为然，"难道我这辈子还挣不到一套房子？"一句话掷地有声，铿锵有力，朋友无言以对。燕雀安知鸿鹄之志，区区一套房子绑不住他梦想的翅膀。

由于赶上了中国股市的大牛市，他果断出击，很快掘到了人生第一桶金——50万元。一路走来，他的人生轨迹近乎完美无缺，那时完全可以找个安稳的工作，安心享受生活。可是那颗与生俱来永不安分的心，让他无法停下脚步，他开始寻找下一个人生目标，准备创办网络公司。那时正是互联网的冬天，又有好心人劝他："你要懂得知足常乐，现在搞网络几乎不可能成功。"他偏不信。

在一间不足10平方米的小屋里，他投入全部家产，创立了盛大网络公司。从此一发不可收拾，他的人生传奇连番上演，他让大家以前所未有的方式认识了这个自己。5年后的2004年，盛大网络公司在美国纳斯达克上市，陈天桥遂跻身中国富豪行列。

知足者常乐，但会导致平庸。若不给自己设限，就没有限制你超越的藩篱，人生便无止境。因为你生来就具有实现这一切的潜能。

3.给潜意识输入信息的路径

为了更好地发挥潜意识的存储功能，我们要把信息输入到潜意识。一般来说，输入的路径有四种：

大量地看。通过眼睛，对图像情景或语言形成深层潜意识记忆。

大量地听。练耳朵，形成耳朵对信息的深层潜意识记忆。

大量地读。练口舌，形成口舌的深层潜意识记忆。

大量地写。形成手指对信息的流畅书写的深层潜意识记忆。

上述四项耳朵、口舌、眼睛、手可单独进行，也可分别组合进行，要的是对这四项潜意识记忆区的反复、重复的信息输入的强化。

下面，我们以学习外语为例，来说明如何给潜意识输入信息。

一有空就看外语影视，因为有故事情节，此时语音和画面图像能快速地被你的潜意识吸收；也可以看着外语文章，听音频，感受外语的语音语调，让耳朵和你的潜意识熟悉这种新的语音，熟悉一段时间后就跟读，达到与音频一致。你还可以没事时就抄外文书，或其他外文文章或报

67

很多人不敢去追求成功，不是追求不到成功，而是因为他们的心里面默认了一个"高度"，这个高度常常暗示自己的潜意识：成功是不可能的，这是没有办法做到的。心理高度是人无法取得成就的根本原因之一。

纸。抄写的过程中，如果知道单词或句子的准确读音就边读边抄，如果不知道发音，那就先把句子发音搞准了，再边读边抄。只管做这些给潜意识输入信息的事，其他的不管。潜意识只负责对你输入的信息整理加工，你输入什么它加工什么。

看和听时可以戴上耳机，避免被打扰分散注意力，说和写最好找个安静的地方，有利于精神集中和专注，显意识平静下来，你能专注地进行某项事情时，潜意识吸收和处理信息才会高效。平静显意识、放松心情、调动美好的感觉可以借助音乐进行，之后再开始专注的信息输入。

你可以给潜意识提出目标：我想达到用外语思考的水平；或我想能自由流畅地用外语说话；或我想能自由流畅地用外语书写；或我想达到口译的水平。你只能一个目标、一个目标的去设定，不能一次给自己设定两个目标，其中以爱听外语为第一目标，之后流畅的读和说为第一目标，之后就是自然而然地学习和吸收外语这一工具所承载的文化内涵和有别于中文的思维了。听要从最难、最复杂的开始，读和说则相反，要从最简单、最短的开始，二者实现同步时，意味着你已经不单纯是在学外语，而是在自然而然地吸收和记忆这一载体所承载的文化和情感了。

通过重复固化在你的潜意识里，你就能本能地反映出外语的音和形，之后就是自然而然地吸收这种语言的文化了，而你的中文也是在同步地自然吸收，各语言自然的、自由而灵活的转换全凭你的指挥，而无须刻意去思考要用哪种语言去表达，所有的语言习得全在于一个重复化的习惯养成。

潜意识是人类一切思维和行为活动的总司令，只要你相信它，它就能帮你达成愿望，掌握外语听说写这一工具的速度，取决于你给潜意识输入信息的量，它把这些大量感性的语音和拼写信息浮现在你眼前，你明白何时该说什么写什么时，你就拥有了第二母语并与你的中文母语完美地融合在一起，至于语法那只是感性基础上的理性认知罢了。

只要你保证大量的信息输入，长期积累形成的庞大的潜意识信息库，足以和外语的语音、文字、图像、情感建立联系，潜意识把这些信息完成闭合循环，就是外语融入你潜意识的时候，同时潜意识能自动与你的中文资料库建立紧密联系，并在你的生活中不断纠正初始外语信息输入时的错误和不足、缺陷，使外语发音、拼写更完美和完善。语言本身是传递情感、对事物抽象化的概念载体，而人类生活情境、情感具有一致性和相同性、相通性、相似性，因此中文外文之间能实现完美的无缝转换，不需要你刻意地去翻译，所有的翻译、口语表达、书面表达都成为一种自然而然的状态。之所以感到翻译困难，原因在于信息输入不牢，输出时出现障碍，信息没有与图像、情感、实物建立紧密联系所致。**只要你持续反复地输入信息，流畅表达、书写和翻译都会成为潜意识的本能反应，而你可以无须去思考怎么用外语表达。**

另外，通过想象也能很好地把信息输入潜意识。

有一个公式可以教我们如何进入潜意识，它就是冥想—呼吸—想象。也就是说，进入潜意识之前首先要闭上眼睛，平静心情，然后深呼吸三次，再进行必要的想象。想象过的事物能够栩栩如生地记忆在潜意识里，这是潜意识的一种机能。

就人脑的复杂性和多功能性而言，它远远超过地球上的任何复杂计算机。它的数学运算和循序渐进的逻辑过程是非常迅速的，然而这些能力仅仅代表人脑许多能力的微小部分。

如果能够一边听着录音一边想象，会更有效果。为什么呢？因为当你想象的时候，会不知不觉在冥想时用语言告诉自己"放松、进入潜意识"等，这样就动用了显意识，注意力容易分散。但是如果跟着暗示的诱导集中精神来听就可以了，这样就能够一直深入深层记忆。

4.神奇的记忆让你告别遗忘

人类对人脑了解得越多，越发现人脑的容量和潜能远远超过早期的预料。事实上潜意识能使我们记住发生于我们周围的每一件事。

脑的运算速度之快是令人咋舌的，几百分之一秒内接收一个人脸的视觉映象；在1／4秒内分析它的各种详细情况，并将全部信息综合成一个整体在大脑中产生一个明确的、三维的面容，即使从未在这个地点见过这个面容及其表情，人脑仍能从其庞大的记忆库中的无数张其他面容中识别这一面容，能想起关于这个人的许多印象。同时，大脑还要解释其面部表情，决定行动程序，调动全身肌肉开始复杂的活动，结果伸出一个手来，微笑，声带复杂地振动(充满难以形容的语调)，说："喂，小李。"上述情况发生时，大脑分析和整理视觉信息及其他感觉信息，用声音和气味来协助鉴别这面容。大脑能控制和调整身体的位置，保持其平衡或平稳运动，并连续地控制体内数百个参数，校正任何偏离正常的地方，以维持身体的最佳功能状态。在我们一生中的每时每刻，大脑以这种方式时刻不断地觉察、记忆、控制和综合无数不同的功能。

就人脑的复杂性和多功能性而言，它远远超过地球上的任何复杂计算机。它的数学运算和循序渐进的逻辑过程是非常迅速的，然而这些能力仅仅代表人脑许多能力的微小部分。

脑和计算机之间的最重要区别在于脑不只是直线似的按逻辑工作，而且能同时对信息进行加工和综合，从中提取出普遍性的内容。人脑在不到1秒钟的时间内就能识别一个面孔，世界上却没有一台计算机能做到这一点。计算机发展到今天，它能做到从10个左右的物体中识别一个像杯子这样的简单物体，但就是做到这一点对大脑而言是"小儿科"的问题也要花费几分钟时间。而且只能区别物体的大体类别，而不能识别特殊个别物体。

英国作家、心理学家、教育家托尼·布赞简明地指出："你的大脑就像一个沉睡的巨人。它是由千万亿个脑细胞构成的，每个脑细胞就其形状而言就像最复杂的小章鱼。它有中心，有许多分支，每一分支有许多连接点。几十亿脑细胞中的每一个脑细胞都比今天地球上大多数的电脑强大和复杂许多倍。每一个脑细胞与几万至几十万个脑细胞连接。它们来回不断地传送着信息。这被称为迷人的织造术，其复杂和美丽程度在世间万物中无与伦比。而我们每个人都有一个。"

斯坦福大学的罗伯特·奥恩斯坦在《奇妙的大脑》一书中指出，神经细胞作不同连接的可能数目也许比宇宙中的原子数还要多。

大脑中隐藏了人类最神奇的秘密。如果你了解了你的

71

只要你持续反复地输入信息，流畅表达、书写和翻译都会成为潜意识的本能反应，而你可以无须去思考怎么用外语表达。

大脑构造及其工作方式，你就可以有效地利用它去增强记忆力，进行有效的学习。

利用形象记住事物是潜意识记忆的最有效的方式。

就是说，在头脑里好像是有个电影银幕，当看到文字或听到话语的时候，要立刻在这个银幕上投射出形象来。只要经常练习，养成这种习惯，那么看到或听到的事物的形象，就能在很短的时间里映现在头脑中，因而就容易留下记忆。

当脑海中浮现形象的时候，最关键的一点，就是尽可能把它们换成具体的物品。例如，从手机这个词想象出自己使用的某品牌手机的形象；要是领带，就想象出一条有着时兴花样的领带的形象；如果是围巾，就想象出你所喜爱的经常围的围巾的形象。

如果只浮现出一般的物品，则印象平淡，不容易记住；反之，若换以自己最熟悉的身边物品来描绘形象，就容易记住。

另一个要领是，要特别夸大形象。在头脑中描绘一支圆珠笔时，如果形象只有实物那样大小，印象就不深。要把圆珠笔的大小扩大到头脑中的银幕那么大。若描绘花，就不要描绘一朵，而要描绘一大片花圃，那样记忆的效果就会更好。

在各种会议上，与其作这样那样的详细文字材料的报告或工作说明，还不如用图表说明更容易理解，因为，这样做能在大脑中直接留下整体事物的形象。

许多名人之所以有超乎常人的记忆力，也就是善于利用图像记忆来记忆自己所需的知识。举一个例子来说吧。

任伯年是清末著名绘画大师，擅长花鸟、山水及人物画，尤以人物肖像画最为擅长。任伯年十岁的时候，有一次，父亲出门去办事，家里只有他一个人，正赶上父亲的一位朋友前来拜访。当来访者得知他父亲不在家后，也没留下姓名和口信就转身走了。任伯年的父亲很晚才回家，听儿子说有人来找过他，便问："来的那个人是谁啊？"任伯年当时没有问，来访者也没有说，因此回答不上来。后来，任伯年想了一个办法，就是把来访者的模样画在一张纸上，因为画得非常像，所以父亲一看就知道来访者是谁了。

由此可见，图像记忆对提高人的记忆能力是有很大帮助的。如果你希望自己也拥有图像记忆的超群能力，可以从以下几个方面入手。

（1）经常练习

俗话说："熟能生巧"，要想增强自己的图像记忆能力，就一定要加强练习。例如，我们在听故事的时候，不要只是被动地听，而应该调动自己的思维，在脑海中呈现出生动的情节；如果是阅读图书，在读到皎洁的月光的时候，眼前就出现一轮明月……只要经常进行这样的练习，我们的图像记忆能力就会迅速提高。

（2）锻炼自己的想象力

我们所接触的词语或概念并不总是形象的，在对抽象概念如好坏、上下、左右、大小、多少等进行理解记忆时，单纯的联想是不能奏效的，只有想象力能帮助我们把这些抽象概念赋予一定的形象，从而更好地完成记忆任务。例如，你想识别"好坏"，不妨在纸上画一个圆苹果和一个腐烂的苹果；如果想识别"上下"，可以画一条水

73

许多名人之所以有超乎常人的记忆力，也就是善于利用图像记忆来记忆自己所需的知识。

平线，线的上面就是"上"，下面自然也就是"下"了。

采用图像记忆法只是记忆法中的一种，但也是最有效的一种，它与想象力紧密地结合在一起、帮助记忆。在实际学习中，并不是所有的记忆都可以采用这种方法。所以，在学习过程中一定要灵活运用你潜意识中储存的一切信息，调动所有可用的思维方式帮助记忆的实现。

记忆的最初源于形象，这与人体的构造是分不开的。因为人总是最先以眼睛去感受外物。刺激大脑形成可供记忆的形象。又根据外物的特征去唤醒潜意识深处的记忆。所以，人类总是善于用形象记忆法获取记忆的最佳途径。在学习中，我们不妨多用用这种记忆法。也许就可以发现自己的记忆力大有长进。

5.按生物节律安排学习

人的潜意识是复杂的，又是奇妙的，它无时无刻不在演奏着迷人的"生物节律交响乐"。这就是通常人们所说的生物钟。生物钟也叫生物节律、生物韵律，指的是生物体随时间作周期变化的包括生理、行为及形态结构等现象。它受潜意识直接支配，同时也受潜意识支配的其他因素影响，如生活习惯和规律。

科学家发现，生物钟是多种多样的。就人体而言，已发现一百多种。生物钟对人健康的影响是巨大的。整个人类都是以一昼夜为周期进行作息，人体的生理指标，如体温、血压、脉搏；人的体力、情绪、智力和妇女的月经周期；体内的信号，如脑电波、心电波、经络电位、体电磁场的变化，等等，都会随着昼夜变化作周期性变化。

研究发现，一个人的智力、体力、情感有高潮期与低潮期。人体的智力"生物钟"以33天为周期进行运转，情绪"生物钟"为28天，体力"生物钟"为23天。每个周期都有高潮期、低潮期、临界日。智力临界日时，思路不清；体力临界日时，全身疲乏；情绪临界日时，心烦意乱。三个临界日每年有一次重合，重合时，人会感觉很难把握自己。当三个周期都处于高潮期时，思维敏捷，浑身是劲，情绪高涨。

科学家曾对学生们就"什么时间背书或记忆效果最佳"问题进行观察，把被研究的学生的月生物节律用微机打印出来，结合日生物钟，请他们在不同时间段内背书或记忆，并将自我感觉之效果记下来。通过多次的实验分析，得到如下结果：

效果最佳：三种生物钟高潮日的晚上8～9时，智力节律在高潮日的早上8～9时。

效果较佳：三种生物钟高潮日的早上6～7时，智力节律在高潮日的早上6～7时。

效果一般：智力节律在低潮日的晚上8～9时；智力节律在低潮日的早晨6～7时；三种生物钟低潮日的晚上8～9时；三种生物钟低潮日的早晨6～7时。

效果较差：三种月生物钟高潮期的中午1～2时，智力节律在高潮日的中午1～2时。

75

科学家发现，生物钟是多种多样的。就人体而言，已发现一百多种。生物钟对人健康的影响是巨大的。

效果最差：智力节律在低潮期的中午1～2；三种生物钟在低潮期的中午1～2时。

根据一段时间的实验结果，研究人员有了新的认识：

（1）月生物钟三条曲线处于高潮期，又在日生物钟的高潮时（晚上8～9时）效果最好（但这种时间少）；月生物钟三条曲线在低潮期，而又在日生物律的低潮时（中午1～2时）学习效果最差（这种日子也不多）。

（2）同一个人的学习效率，如果靠掌握日节律的规律（高潮期时），而不管月生物钟运行情况如何，便很难达到理想的学习效果。

（3）只凭月生物钟，不考虑日生物钟，同样不能达到最佳效果。

（4）人在每天和每个时辰的学习效率不是一样的。智力钟在高潮期的日子，情绪钟、体力钟的位置不同，效果也不一样。

（5）正确掌握生物钟理论，并结合各自的实际状况安排作息，就能显著提高工作或学习的效率。

另外，在月生物临界期，由于波动较大，且个体差异明显，难以得出明确结论，故未予统计，但学习效果肯定不如高潮期。

就是一天中，人的状态也不同。24小时内，人的大脑有4次"黄金时段"：第一次是早4时至6时大脑清醒，是学习的最好时段。上午9时至11时，脑由抑而扬，注意力强，记忆力好，联想力佳，是第二个黄金时段。下午5时至7时，人的嗅觉的灵敏度达到最好状态，脑力、体力、耐力又进入一个高峰时期，这是第三个黄金时段；晚上8时至9时，脑力又处于活跃时期，是一天中第四个黄金时段，可以从事各种创造活动。

许多学者研究后指出，按照人的心理、智力和体力活动的生物钟，来安排一天、一周、一月、一年的作息制度，能提高工作效率和学习成绩，减轻疲劳，预防疾病，防止意外事故的发生。反之假如突然不按体内的生物钟的节律安排作息，人就会在身体上感到疲劳、在精神上感到不舒适。

研究表明、有8％的长期上夜班的工人因睡不好觉而垮掉，而在每个星期都轮班时，有多达60％的人在班上打盹。倒班给工人造成相当大的身心危害，还造成许多工业事故，其中包括三里岛核电站和切尔诺贝利核电站这样的事故，这些事故都发生在后半夜。

但什么东西都有其特殊性。部分人的习惯是可以改变的，另一部分人可能不仅是"习惯"问题，还有其本身的"类型"问题。一部分人生物钟的高潮期只在夜里才能到来。如巴尔扎克经常通宵达旦地工作；莫扎特的创作时间是在晚上，他的著名歌剧《唐璜》就是在一个夜里写成的；门捷列夫等科学家也都是在晚上工作的。与此相反，拿破仑则是从早晨3～4点就开始了自己一天的工作，伯伦尔德·布莱希特也喜欢在清晨工作。

因此，每个人的"最佳"状态（时间）应包含月生物钟、日生物钟及其本人的"类型"三个因素。每个人要根据自己的实际，找准自己的最佳时间，给这段时间安排较多的工作或学习任务。

77

正确掌握生物钟理论，并结合各自的实际状况安排作息，就能显著提高工作或学习的效率。

6.潜能发挥与兴趣紧密相连

潜意识接收信息，需要轻松、快乐的心情，一旦烦躁起来，潜意识接收信息的能力就开始下降。人在做自己感兴趣的事时，心情最为轻松、快乐，此时，显意识平静下来，潜意识凸显，并且处理信息的速度倍增，效果也会提升。

这个规律其实古人早就发现了。孔子曰："知之者不如好之者，好之者不如乐之者。"一个人的潜能是否能够发挥，与他对这件事有没有兴趣关系密切。一个人在做他感兴趣的事情时，是全身心投入的，他不会吝惜自己的热情、自己的耐心，甘愿付出自己的一切。在感兴趣的事上付出努力，会让自己感到最大的快乐，而这种快乐正是他最满意的报酬。

一般而言，兴趣并无功利的羁绊，是一种内在的动力，驱使人们自觉地、连续地进行某种活动。在这种情况下，兴趣将成为调动潜意识的一种力量，成为快乐与幸福的源泉。庄子《逍遥游》中的"无己""无名""无功"的境界所描述的就是自由地选择兴趣所指引的无功利之事，按照自己的理想和爱好做事做人，不以己忧，不以物喜。

从心理学角度讲，兴趣是人的需要的心理表现，它使人对于某些事物优先给予注意，并带有积极的感情色彩。兴趣起源于个体的需要，在社会实践中形成，这种内在的个体心理倾向可以在人的心理和行为中发挥积极作用，使你长期专注于某一方向，做出艰苦的努力。

研究资料表明，如果一个人对某一事情不感兴趣，在这方面只能发挥全部才能的20%～30%，也容易感到疲劳、厌倦；相反，假如对某一事情有兴趣，则能发挥他全部才能的80%～90%，并且能长时间地保持高效率而不感到疲劳。

兴趣能把工作和学习活动变成游戏。工作和学习其实与游戏没有什么本质的区别，它们都需要耗费心力与体力，其间的差别只在于你是否觉得有趣而已。如果一个人对某个领域感兴趣，那么他就会孜孜以求，不知疲倦地钻研，而且从来感觉不到累。对他们而言，学习和探索几乎变成了消遣活动，就像在进行一项游戏一样。

兴趣可以开发人的潜能，激发人们去探索和创造。一个人对某事物感兴趣，会激发起他对该事物的求知欲和探索热情，促使他充分调动整个身心的积极性，使情绪饱满，智能和体能进入最佳状态，最大限度地施展才华，挖掘潜力，发挥人的主动性和创造性。

爱迪生一生有三千多项发明，为了发明一件东西他可以夜以继日，他可以承受无数次失败，他甚至在婚礼的中途跑去做他的试验。为什么？有人说是因为他勤奋，不，勤奋只是他成功的途径，而不是动力。如果大家想想他小时候的经历——爱迪生小时候为了买试验用品在火车上卖报纸赚钱，在试验中因为一次事故还被列车长一个耳光打

79

一般而言，兴趣并无功利的羁绊，是一种内在的动力，驱使人们自觉地、连续地进行某种活动。在这种情况下，兴趣将成为调动潜意识的一种力量，成为快乐与幸福的源泉。

聋了一只耳朵——就知道了。是的，兴趣，爱迪生对发明感兴趣，他热爱发明，所以他才会如此勤奋，所以他才拥有了三千多项发明。

如果仔细读过历史上那些名人的事迹我们就会发现，他们之所以取得那些成就，原因正是他们在做自己感兴趣的事。因为感兴趣，他们不断地思考，不断地探索，不断地研究，不断地完善。

当然，世上一切事物都处于发展变化之中，个人的兴趣也不是一成不变的，这就是人们常说的"兴趣转移"。这种转移并非都是坏事，有些顺应历史潮流和需要的"兴趣转移"应当给予肯定和尊重。如鲁迅弃医从文、孙中山弃医从政等，使他们为国为民做出了更大的贡献。我们要善于在客观需要发生变化的情况下，根据自身各方面的条件，把兴趣调整到更合适、更需要、更能发挥潜能的方面去。

事实证明，兴趣也是可以培养的。人们学习某一学科，或者从事某一工作，开始并不一定都有兴趣。但只要坚持在这一行干下去，天长日久，兴趣自然就产生了，就会不知不觉地爱上这一行，并干出成绩来。

7. 直觉——潜意识的归纳

直觉是未经推理直接洞察事物的本质，实际上是潜意识直接变为显意识。潜意识是直觉产生的前提。直觉看起来缺乏逻辑过程，实际上是潜逻辑在起作用，即大脑内部自动进行逻辑连接。

直觉作为一种心理现象贯穿于日常常见的文字、报纸、杂志、图像和预感（做梦）存在于日常生活，事业和科学研究领域。**直觉不是思考的结果，但比以语言要素通过逻辑关系构建的反应系统要更加高效、更具准确性。**只是能引起直觉反应的机会通常不多。也许人类在显意识未建立前，依靠的就是这种本能反应，到今天，这种本能就逐渐退化了。蜜蜂能以最省的方式精准的建造坚固的六角巢穴，一定不是物理计算的结果。

与逻辑分析比较，直觉具有以下几个方面的特征。

其一，直接性，即主体不通过一步步的分析过程而直接获得对事物的整体认识，这是直觉最基本和最显著的特征。

其二，快速性，指结果产生得很迅速，这种快速性往往使当事人对直觉的过程无法作出合乎逻辑的解释。

其三，跳跃性，在认知过程中，逻辑分析是以常规的方式按步骤展现的，而直觉一旦出现，便摆脱了原先常规的束缚，从而产生认知过程的急速飞跃和渐进性的中断。

其四，个体性，它与一个人的潜意识中储存的知识经验和思维品质相联系，表现出直觉的个体特征。

其五，坚信感，主体以直觉方式得出结论时，理智清楚，意识明确，这使直觉有别于冲动性行为，主体对直觉结果的正确性或真理性具有本能的信念（但这并不意味着取消进一步分析加工和实验验证的必要性）。

美籍华裔物理学家丁肇中在谈到"J"粒子的发现时写道："1972年，我感到很可能存在许多有光的而又比较重的粒子，然而理论上并没有预言这些粒子的存在。我直观

81

直觉不是思考的结果，但比以语言要素通过逻辑关系构建的反应系统要更加高效、更具准确性。

上感到没有理由认为这种较重的发光的粒子（简称重光子）也一定比质子轻。"这就是直觉。正是在这种直觉的驱使下，丁肇中决定研究重光子，终于发现了"J"粒子，并因此而获得诺贝尔物理学奖。

管理过通用公司的杜兰特，从不觉得应该用精细的方程式来寻求事实，但却不时能作出惊人的正确判断。另一些大名鼎鼎的商界人物也会经常性地将直觉运用于决策，通用电气公司的韦尔奇公开宣称自己是个凭直觉办事的人："我们总公司很少深入讨论事情，但我们对每件事都保持敏锐的嗅觉。"

娃哈哈集团公司的总经理宗庆后也自认为有很强的先天性直觉能力。

《中国经营报》曾刊载过一篇对宗庆后的专访，宗庆后专门提到了决策的个人感觉问题。

记者问：你们在推出每个新的产品时，是通过什么样的决策机制和程序来进行的？

宗庆后的回答十分有趣：就是靠我的感觉，我觉得现在该做什么了，就开始做。

记者又接着问：不做调查和分析吗，那你会不会犯错误呢？

宗的回答是：现在那些调查都是假的，你给他那么多钱，最后都不知道给花到哪里去了。我们觉得还是自己的感觉比较敏锐和准确些。当初我们做非常可乐，国内不叫好，媒体说我们"非常可笑""非死不可"，倒是国外舆论说"不能小视娃哈哈"。我们不请那些调查机构绝不是不做调研心血来潮就做什么产品，而是因为整天在市场上跑，我们自己就是调查员，我们是靠对市场的准确把握来判断什么时候该做什么事情的。

金融大鳄索罗斯决定股票炒卖的方式就更玄了。据他的儿子透露，**当索罗斯感觉到机会来临时，脊背会有感应，"每当他在市场出手时，他的脊背都痛得要死。投资者以为他有十足原因，其实那只不过是身体机能给他的暗示罢了"**。

索罗斯的"脊背语言"并没有纳入正规商学院的课程，所以学生根本不知道如何运用直觉解决问题。商学院鼓励的是最正规、最科学化的方法——首先找出根源，然后制订多项解决方案、收集数据、评估各项可行方法。人们就在这个模式下推导出大量结论。

直觉似乎有点玄，不太好把握。但细细分析起来，直觉的确与人的潜意识密切相关，它是以先天悟性、生理基因、后天的知识积累为基础的。为什么有些人对有些事会有独特的敏锐嗅觉？这就是他接触这些事多了的缘故，耳濡目染，潜意识里存有大量的这类信息。比如，爱因斯坦对科学研究课题有着特别灵敏的直觉，但他对股价的走势还会有如此快速的反应吗？

可见，直觉不是魔术，它虽然具有偶然性，但绝不是无缘无故的凭空臆想，它是基于潜意识中储存的大量的隐性知识储备，是潜意识的归纳。一旦你真正感到弄懂了一样东西，而且你通过大量例子，以及通过与其他东西的联系，取得了处理那个问题的足够多的经验，对此你就会产生一种关于正在发展的过程是怎么回事，以及什么结论应该是正确的直觉。

83

当索罗斯感觉到机会来临时，脊背会有感应，"每当他在市场出手时，他的脊背都痛得要死。投资者以为他有十足原因，其实那只不过是身体机能给他的暗示罢了"。

直觉不是某个人天赋的特权，也不是天才的专利，它像人的肌肉那样，可以因锻炼而发达。直觉能力的培养和强化可从以下几点入手：

（1）获取广博的知识和丰富的生活经验

在前面已经指出，直觉的产生不是无缘无故、毫无根基的，它是凭借潜意识中储存的知识和经验才得以出现的，因此，直觉往往比较偏爱知识渊博、经验丰富的人。从这种意义上说，获取广博的知识和丰富的生活经验是直觉强化的基础。

（2）学会倾听直觉的呼声

直觉是"直接的感觉"，但又不是感性认识。人们平常说的"跟着感觉走"，其中除去表面的成分以外，剩下的就是直觉的因素。直觉需要你去细心体会、领悟，去倾听它的信息、呼声。当直觉出现时，你不必迟疑，更不能压抑，要顺其自然，顺水推舟，作出判断、得出结论。

（3）要培养敏锐的观察力和洞察力

直觉突出的特点是其洞察力及穿透力，因此，直觉与人们的观察力及视角息息相关，观察力敏锐的人，其直觉出现的几率更高，直抵事物本质的效果更强。因此，要有意识地培养自己的观察力，特别是提高对那些不太明显的软事实，如印象、感觉、趋势、情绪等无形事物的观察力。

（4）客观地对待直觉

直觉虽然是潜意识的归纳，凭借的是已有的知识及经验，但并不是绝对准确。大智大觉如索罗斯，虽然能凭借他的"脊背语言"炒作股票，但也不是百分之百都能成功，也曾有过折戟东南亚、铩羽俄罗斯的教训。而且，直觉常常会受到客观环境的影响及个人情感的干扰。特别是后者，当一个人处在某种情感例如猜忌、埋怨、愤怒等的困扰中时，直觉的判断就有可能失去客观性。因此，我们要客观地对待直觉，产生直觉的过程要尽量排除各种影响和干扰，出现直觉以后，还要回过头来冷静地分析其客观性。

8.用潜意识获得创造性灵感

灵感是指人在文学、艺术、科学、技术等活动中突然产生的富有创造性的思路。在我国，人们很早就发现了灵感的存在，"踏破铁鞋无觅处，得来全不费工夫""灵机一动，计上心头"等，都是说的灵感。

灵感并不是什么神秘、虚无缥缈的东西，它是实实在在存在着的。潜意识蕴藏着我们一生有意无意、感知认知的信息，又能自动地排列组合分类，并产生一些新意念。比如，有不少人苦思冥想某一问题，结果却在梦中，或是在早晨醒来，或在洗澡时，或在走路时突然蹦出了答案。无论是阿基米德在洗澡过程中获得灵感最终发现了浮力定律，牛顿看到掉下的苹果得到启发发现了万有引力定律，还是凯库勒做了关于蛇首尾相连的梦而导致苯环结构的发现，都是灵感飞跃的不朽例证。

灵感是很多人苦苦追求的一个"豁然开朗"的境界。灵感的产生具有随机性、偶然性、创造性，稍纵即逝。它

85

无论是贫民还是权贵，不论是知识渊博的科学家还是贫困地区的文盲，都会产生灵感。灵感价值的大小也是随机的，不会因为谁高贵就让他产生高贵的灵感，也不会因为谁低贱就只让他产生低贱的灵感。

几乎不需要投入经济成本，"取之不尽，用之不竭"。但人不能按主观需要和希望产生灵感，也不能按专业分配划分灵感的产生。灵感的产生是世界上最公平的现象，任何能正常思维的人都可能随时产生各种各样的灵感。**无论是贫民还是权贵，不论是知识渊博的科学家还是贫困地区的文盲，都会产生灵感。灵感价值的大小也是随机的，不会因为谁高贵就让他产生高贵的灵感，也不会因为谁低贱就只让他产生低贱的灵感。**

很长时间以来，灵感一直被认为是一种无从把握的神力，是一种神灵感应。实际上，灵感是潜意识活动的某种结果在一定条件下的实现。潜意识活动既有外部动因，也有内部动因。

我们先看来自外部的动因。

外来的多种刺激，无论在主体清醒时还是在不清醒时都可以引起潜意识活动。

一个人无论处在清醒或是昏睡中，他都必然置身于一定的外部环境中，外部环境也必然会给他各种刺激。各种外部刺激对于情形状态的人可以分两类，一是注意到的刺激，二是没有注意到的刺激。

注意到的刺激，它作用于感官，所引起的反射是能够意识到的，有人认为它似乎不构成潜意识活动，然而并非如此。当你进入昏睡状态时，大脑皮层的个别部位却可以兴奋起来，使白天刺激复活，白天意识到的内容就成了此时潜意识活动。意识"休息"了，可潜意识却没有休息，它们所保存的信息随之复活，便呈现出梦境。应当指出，这种意识到的刺激引起的潜意识活动，并不都发生于睡梦中，在清醒时也会出现。例如：有时候你明明想写一个"大"字，却奇怪地写成了"太"字，原因就在于此。

清醒时没有注意到的刺激也会引起潜意识活动。例如：长期生活、工作在高噪音环境中的人，会经常心神不宁、烦躁易怒，自己却不解其由，其实就是平时没有注意到的外部刺激通过生理的或心理的渠道，不断地引起潜意识活动造成的。

当人休息时，外部刺激也同样会引起潜意识活动。人休息了，意识也"休息"了，但潜意识并没有休息，指挥着各个系统仍在履行着职责。即使人入睡了，但外部刺激达到一定程度的时候，仍会引起一定的心理活动。例如：你睡觉时如果把脚露在被子外面，就往往会做一些与脚冷有关的梦，这就是人在休息时外部刺激所引起的潜意识活动。

内部动因主要包括思维动因、想象动因、情感动因和生理动因。

（1）思维动因

很多科学成果的线索在科学家的梦中浮现，很多动人的乐章在艺术家的梦中获得，这说明了潜意识活动不仅是简单活动，而且在一定情况下可以具有某些符合逻辑的有序趋向，当它们受到某些有序信息的影响时，就会顺势而动，在意识"疏忽"或者"休息"时，潜意识就会兴奋起来，并接通某些暂时的联系，形成灵感。

（2）想象动因：在意识的指导下的想象，已经在不同的记忆区建立起了暂时的联系，这种暂时的联系以其有序性形成一条兴奋的线索，这种线索性的兴奋的扩散，就可能在它周围形成一个顺着这条线索展开的潜意识的兴奋区域。在意识休息时，那些潜意识中的兴奋区域很可

87

如果你上了一辆出租车，花了五分钟时间跟司机讲了好多地方，他会感到困惑，甚至拒绝为你服务。同样，你的潜意识也是如此。你首先必须要有一个明确的目标，一个最终的决定，知道从哪里找出路。

能会兴奋起来，并同样按着这条线索做趋向性活动，从而产生灵感。

（3）情感动因

情感具有郁结于心、久经不去的性质，它会在潜意识中使相关的众多记忆都活跃起来。例如：一个许多年都未曾归乡的人，产生了思乡之情，无意识中就会想起故乡的一草一木。

（4）生理动因

举一个最简单的例子，性的需求，它是一种活跃的需求。这种需求的经常性，使它能持续不断地引发情感，很多艺术家如：莫扎特、贝多芬、普希金、莫泊桑等，在热恋时期或者恋爱失败时都出现过创作高潮或创作黄金时期。此外如衣食温饱等，也会变相出现。

灵感酝酿于潜意识之中，我们要懂得开发利用潜意识自动思维创造的智慧功能，帮助我们解决问题，获得创造性的灵感。

9.提高自己"灵商"的方法

"灵商"（SQ），即灵感智商，就是对事物本质的灵感、顿悟能力。灵商是一种潜能，属于潜意识的能量范畴。

灵感的内容在潜意识中完成，它具有了实现于意识的可能性，但可能性还不是必然性。潜意识活动多数都是散乱的、动荡的、多因的、多向的，因此在潜意识之中完成的灵感内容，如果不被意识及时抓住、牢记，它就可能被潜意识中的其他活动所破坏、所淹没，再也不会出现。要使灵感的内容由实现于意识的可能性变为必然性，就需要提高自己的

"灵商"。

据现代科学手段测试得知，灵感、顿悟、直觉思维能量与抽象逻辑思维能量之比是100:1。说明产生创造性思维的能力有赖于灵感、顿悟、直觉的激发涌现。即使是具有高度抽象思维能力的哲学家要在自己的领域有所突破，也需要将灵感与逻辑语言结合起来才能有成就。

"灵商"是以与生俱来的心灵感应原理为依据的灵感智力。提高"灵商"的主要意义在于：一是可用灵感思维的顿悟火花，提出和解决有重大意义和创新价值的崭新课题；二是可用灵感思维的一闪念火花，拓展形象创意策划与科学发现的预测研究；三是可用开发右脑潜能的心智火花，完成机器人不能替代的瞬间识别判断和综合评价功能，将为神经计算机的诞生和神经疾患免疫诊治医学的发展，以及全新学习记忆科学的创立等，提供打开生命智能库的金钥匙。

管理界商者有句名言："智力比知识更重要，素质比智力更重要，觉悟比素质更重要。"这里的"觉悟"就是指的"顿悟"的灵商。所以，我们在对智商、情商强化的同时，必须要站在灵商这个制高点上。

如何提高自己的"灵商"呢？

（1）给潜意识提供丰富的材料

潜意识里有什么，才能有什么灵感。比如作七言律诗，你先按照规定的格律，反复地填入不同的内容，久而久之，潜意识里就储存了大量的七言律诗材料，以后，再拿来新的题材，只要仍然是写七言律诗，你就不用一一地对应

89

潜意识是人类原本具备的能力，也有人称它为"潜力"，也就是存在但却未被开发与利用的能力。潜能的动力深藏在我们的深层意识当中，也就是说藏在我们的潜意识里。

其平仄关系，仿佛顺口诵出，却合乎格律。李白之所以可以"斗酒诗百篇"，就是因为他经过自己平时对诗歌精心研究之后，潜意识里已经积累了很多材料，当他极度兴奋之时，便可出口成章。

因此，我们要提高学习力，尽可能多地吸纳有实用价值的信息和资讯。

（2）提高领悟力

孔子在《论语》中说过："学而不思则罔，思而不学则殆。"意思是说你不仅要会学，还要勤思考、会领悟。你要把学到的东西融会贯通，触类旁通，理论联系实际，把实践与理论统统变成自己的东西，通过不断领悟，让自己的经验与理论日臻完善与成熟，由外而内从根本上升华自己。

海尔集团首席执行官张瑞敏说："人生最重要的是悟性和韧性。"灵商高的人能够在工作中明白很多事理，感悟到书上掌握不到的东西，在日常的生活和工作中，不断思考的过程，促成你一次次灵感的飞跃。

（3）学会换角度看问题

换个角度看问题，可以使我们获得新的理解，做出与常规思维不一样的行为决策。变则通，通则灵。常规思维会限制我们的视野，还会导致行为上的偏差。因此，我们要学会变通，如果思路不活或者反应迟缓的时候，要把注意力转移到其他事物中去，抛开"斩不断，理还乱"的思绪，把问题暂时搁置一边，过了数日，过去的思路、过去的联想可能会变淡或者消失，再从新的角度、新的思路去考虑问题，有可能问题很快就会被灵感解决了。

（4）放松身心让灵感成长

在人身心放松的时候，没有意识的挤压，潜意识活动频繁，在我们不知不觉中围绕问题展开工作，灵感通常在这个时候出现。很多灵感都是在心平气和或睡梦中出现就是这个道理。因此，我们要有愉快、镇定的状态，排除其他心理活动的干扰。有时候，在天气晴朗时，漫步在田野、乡间、小山之时，心情非常愉悦，常常能使灵感不期而至。如果一个人心情烦躁、情绪消沉、紧张不安，就会使思维活动受到抑制，思路变得狭窄。

（5）灵感出现时及时记下

灵感往往"来不可遏，去不可止"，如不及时捕捉，就会跑得无影无踪。因此，一旦有灵感，就随时记录下来。爱迪生、达·芬奇都是这样，他们经常随手记下自己在睡前、梦中、散步休息时闪过头脑的每个灵感。电影大王邵逸夫，经常在思考各种问题的同时，在任何地方，都备有一本记事簿，一旦灵感从潜意识中来，便立刻记下来，这使邵逸夫成就了辉煌的事业。被誉为"圆舞曲之王"的奥地利作曲家约翰·施特劳斯有一次在一个优美的环境中，灵感突然降临，但没有带纸，于是脱下衬衣，在衣袖上谱写了《蓝色多瑙河》圆舞曲这部传世佳作。

91

灵感往往"来不可遏，去不可止"，如不及时捕捉，就会跑得无影无踪。因此，一旦有灵感，就随时记录下来。爱迪生、达·芬奇都是这样，他们经常随手记下自己在睡前、梦中、散步休息时闪过头脑的每个灵感。

10.西瓦心灵术与潜能开发

想通过潜意识开发潜能、改变命运的人很多，目前，通过开发潜意识来改变命运的学派及方法也很多，在大陆比较有名的就有NLP神经语言学、吸引力，以及从这两大类分离出来的很多小类别。西瓦心灵术就是属于NLP范畴里的一种方法。现在，向大家简要介绍一下西瓦心灵术。

西瓦心灵术，英文为Silva Mind Control Method，又通称为"西瓦方法"，字面的翻译为"西瓦心智控制方法"。

20世纪60年代，美国心理学界兴起了有关人类潜能(又称心灵力)的研究，并将其运用于心理治疗、健康维护、工商管理和青少年教育上，对社会产生了巨大的影响。《人体潜能》一书的作者柯里曼说，心灵力堪称"自愈系统"，可以有效地释放生命能量、激发创造力、舒解压力，等等，它既不用花钱，又无副作用，具有保健、治病的功效。

1966年，美国的荷西·西瓦把心理学、哲学、医学、艺术等有机地融为一体，创立了"西瓦心灵术"。荷西·西瓦是一位成功的商人、运动员、艺术家、教育家、科学家和哲学家。从六岁起，荷西·西瓦就开始自己做生意，他通过自学和努力成为受人尊敬的商人。荷西·西瓦在他家乡的社区大学成立了电子培训学校，同时他设计并取得了几项生物反馈仪器的专利权。另外，荷西·西瓦撰写有十几本著作，并被译成不同文字在几十个国家发行。

荷西·西瓦花了二十多年的时间对人类的心智与自我调节能力进行研究和试验，最终开发了一套自我提升的课程，在心理学界引起了轰动，被翻译成几十种语言。

西瓦心灵术是一套包含催眠、NLP技巧、观想、冥想和自我暗示等范畴的一套内在思维控制技术。这种方法主要通过放松身心，减慢脑波频率，促进右脑活动，进而使人们更好地开发自身的潜能、调动积极因素、调整心理状态。这一点已经经过许多人的印证。到目前为止，全球已有超过千万的人接受过西瓦心灵术训练课程，并在实践中运用这种方法，不少人实现了事业成功、个人幸福和身心健康的目标。

西瓦心灵术最重要的是让大脑进入α波状态。为什么要进入α波状态？大脑在α波状态时意识的力量会减弱，潜意识凸显，更容易接收外界的暗示与刺激。当我们在这个状态时，解决问题的能力变得更强，创造力变得更惊人。

西瓦心灵术更多地让人去实践，在二十天早、中、晚的练习中，通过最初的默数一百下进入状态，到后期的默数五下即可进入状态，并在不同的天数通过实践来体会如何放松、推进积极的思维方式、创造健康、清除内心负面能量、解决人际关系、创造更美好的一天等，来达到让我们每一天在每一方面都越来越好的目的。

西瓦心灵术有几个重要的技巧。

（1）一杯水技巧

夜晚就寝之前，在一个杯子里倒满一杯水。闭上眼睛，眼球略微向上翻转，喝掉半杯水。喝水时，在心里对自己说"我只要这样就能解决心里的问题"，然后把杯子放在床头柜，盖上盖子，上床，睡觉。等早上醒来时，重复这个作法，喝完剩下的水。

使用一杯水的技巧时，不一定要进入α层次。只要闭上眼睛，略微向上翻转，喝水时，就已经产生足够的α波。这种技巧一次只解决一个问题。

（2）三指技巧

93

自我所意识到的一切，并不是精神世界的全部，相反，意识只是精神世界的冰山一角，更庞大的部分隐藏在水面下看不到，则好比潜意识的内容。

坐在舒适的椅子上，进入α层次，将拇指、食指和中指合并起来，默念你想要得到的结果。通过这个简单的动作，可以触发更多的知觉，保持冷静的头脑，进行镇定的思考及得到创意的解答。

（3）心镜技巧

进入α层次，输入程式时，将三个画面减少为两个画面，同时加进一面想象的镜子。当进入α层次，你可以随心所欲将镜子的画面放大或缩小，容纳一个人或很多人，局部或是全部的情景。镜子的颜色可以改变——深蓝或是明亮的白色。蓝框的镜子用来呈现问题，白框的镜子用来看到问题解决或目标达成。

（4）打开丰收之门技巧

坐在舒适的椅子上，闭上眼睛，略向上翻转，做一次深呼吸，吐气时，彻底放松你的身体。慢慢从五数回一，看到一个门上标示着很大的数字五，在心里打开门，继续倒数直到五个门全数开启为止。默想自己穿越一扇开启的门，到一片大的空地。知道这是"我的创造园地"。想好你要在生活中创造什么，走到花园的中间，撒下种子，看着你所创造的东西在花园里长出来。然后说五句肯定的话，比如：我创造有需要的事物，我创造有需要的数量，我被赋予创造力，我知道如何创造，我创造的事物具有适当的价值。最后从一数到五，结束练习，完全清醒。

第4章 "正向信息"是如何帮助你成功的

　　潜意识是我们内在的巨人，它具有大到不可思议的力量，只要"正向信息"在我们的潜意识里输入我们的目标和愿望，神奇的潜意识就会将它变成现实！善用潜意识，用"正向信息"唤醒内在的巨人，就能改写命运，实现人生所有的梦想！

1.把负面信息赶出潜意识

科学研究发现，潜意识一旦接收到信息就会生成显意识行为程序，调动你周边的事物，使之显现成为现实，无论这信息是积极的或是消极的。

无论怎样困难的环境都不能真正阻碍我们走向成功，阻碍成功的最大因素其实是潜意识里的消极信息。

潜意识里的消极信息可能源于早期的儿童教育。如果成长的过程中接收较多的责骂、否定等负面的信息，那么长大后潜意识里就会存储很多消极的信息，这会在我们日常活动中影响到我们，让我们养成拖延、消极、自卑、恐惧、忧虑、抑郁、无力等负面的行为和情绪，这正是人生不成功的重要原因。

一些随口说出的负面暗示也能成为失败的原因。如，"事情越来越糟""我不可能有什么收获了""我没办法""没希望了""我不知该怎么办"等等。

改变命运的关键就是，在潜意识中清除消极的负面信息，重新输入更多积极正面的信息。

在很多人的潜意识里，有这样的观念：我不行，认命吧，这是命运的安排！这种观念无疑会消解想尝试成功的欲望，泯灭一切探求出路的精神，使人心甘情愿地处在命运的安排之中。其实，只要清除潜意识中的负面信息，同时注入正面的信息，你就掌握了命运之舵。

在美国路易斯安那州，有一个黑人孩子叫福勒。他的家庭非常贫寒，有7个兄妹，他9岁以前就只能以赶骡子为生。当然，对于贫穷的人家来说，孩子很早就参加劳动是十分自然的事。

贫穷是不幸的，但是，如果贫穷人家总是认为他们的贫穷是命运安排无法改变的，久而久之，这种负面信息就进入了潜意识，他们的境况就真的无法改变了。

幸运的是，福勒有一位不平凡的母亲。有一天，她告诉福勒："福勒，我们不应该贫穷。我不愿听到你说，我们的贫穷是上帝的意愿。我们的贫穷不是由于上帝的缘故，而是因为你的父亲从来就没有产生过致富的愿望。我们家庭中任何人都没有产生过要出人头地的想法。"

这段话深深地震撼了小福勒，也在福勒的心灵深处打下了深深的烙印。从此，福勒抛弃了"我们的贫穷是上帝的意愿"这种思想，他像马丁·路德·金一样，为了"我有一个梦想"而执著地前进。

接下来，福勒为了兑现这一梦想，付出了许多辛劳，承受了许多屈辱，闯过了一道道关隘。为了给经商打下坚实的基础。他先从当小伙计入手，在零售百货店里当了3年推销员，在这3年期间，他了解到了哪些商品最畅销，哪些用户习惯买哪种商品，并且熟悉了众多的顾客。在此基础上，他决定自己经营创业，并把肥皂作为经营产品。于

97

改变命运的关键就是，在潜意识中清除消极的负面信息，重新输入更多积极正面的信息。

是，他用自己的一点资本，从肥皂厂购进一两箱肥皂，然后自己挨家挨户地上门推销。他在推销时不畏各种困难，每天坚持不懈地努力。家里的境况一天天改善，但他并不因此而满足，相反，他准备获取更大的成功。

一次，他偶然获悉一个供应肥皂的公司欲拍卖出售，售价是13万美元。福勒在十几年的推销生涯中，共积蓄了25000美元，他非常想收购这家公司，可是自己的资金太少。这时他没有"我没那么多钱，只有放弃这个机会"这样的想法，而是想："我在十几年的推销生涯中，认识了不少肥皂商人，我诚实的经营作风曾获得不少商人的赞赏和信任，为何不找他们帮忙呢？"于是，他上门向这些肥皂商求取贷款，同时靠自己私交朋友支援，几天时间就筹集了足够的钱。就这样，福勒终于按时履行收购肥皂公司的合约了。这家公司在福勒的精心经营下，迅速发展壮大。接着，福勒先后共收购了7家公司，包括4家化妆品公司，一家袜类公司，一家标签公司和一家报社，拥有了股份和控制权。福勒的梦想变成了现实。

当别人探询他成功的秘诀时，福勒用他母亲多年前所说的话回答道："我们是贫穷的，但这并不是由于上帝，而是我的父亲从来没有产生过致富的愿望。在我们的家庭中，从来没有一个人想到要出人头地。"这成了福勒在奋斗时的切身感悟。

消除潜意识里的负面信息，让更多的正面信息进入潜意识，是启动成功人生的伊始。这当然不是成功人生的全部，却是至关重要的一步。因而，当我们被环境牵制或折磨得疲惫不堪时，我们一定要多一些正面的积极的想法，使积极的成功心态占据统治地位，成为最具优势的潜意识。

不妨把自我确认的语句和自己的梦想录制成潜意识催眠录音，让自己每天在睡前醒后重复地听。因为潜意识要接受一件新事物，总要受到意识的干扰，而意识又总是根据过去的经历来判断是否要接受这件新的事物，所以，要想得到新的结果我们就必须避开意识的干扰，也就是在意识休息的时候向潜意识输入正面信息。

2.向潜意识注入成功的欲望

99

古人云："生死根本，欲为第一。"即："人是欲望的产物，生命是欲望的延续。"欲望是人们想得到某种东西或达到某种目的的要求，是人类与生俱来的天性，它伴随着人生的始终。正如拿破仑·希尔所说："如果说梦想是取得成功的蓝图，那么欲望就是取得成功的助推器。"

这里的"欲"就是目标，就是梦想。种瓜得瓜，种豆得豆，我们"种"的是什么梦想，那么我们的将来也就会是什么样子。所以说，我们若想成功，就一定要尽早地立下伟大的梦想，把它"种"到我们的潜意识里，并要经常"浇水""施肥"，总有一天，我们的梦想肯定会开花结果的。

潜意识大师墨菲博士说过："**要不断地用充满希望与期待的话，来与潜意识交谈，于是潜意识就会让你的生活**

消除潜意识里的负面信息，让更多的正面信息进入潜意识，是启动成功人生的伊始。

状况变得更明朗，让你的希望和期待实现。"

向潜意识注入成功的欲望，潜意识就会调动一切因素使你向这个目的地前进。有了明确的目的地，就有了方向，也就可以心无旁骛，就不会把金子般的光阴浪费在无关宏旨的事情上。有了成功的欲望，然后才能判定用什么样的方法和多大程度的努力可以实现这个目标。

杰西·欧文斯曾被称为"跑得最快的人"。他在克利夫兰一个"物质贫乏，精神富有"的家庭出生。一天，一位知名运动员到杰西所在的学校给孩子们演讲，他叫查理·帕多克，曾经被体育记者称作"活着的跑得最快的人"。查理与孩子们交谈时说："你们要做什么？说出来，然后相信上帝会帮助你实现。"

小杰西看着他，想道："我要做帕多克这样的人。"

演讲结束后，在心中英雄的激励下，杰西跑到运动教练那儿说："教练，我有一个梦想!"

那教练看着这个瘦得皮包骨的黑皮肤男孩，问道："你的梦想是什么，孩子？"

"我要像帕克多先生一样成为跑得最快的人。"

"杰西，有一个梦想很好，但要实现梦想，你得要有阶梯。"接着，他解释道，"第一级是决心，第二级是投入，第三级是自律，第四级是心态。"

杰西·欧文斯把自己的脚伸向第一级，在大脑里下了第一个决定：不管面对多么大的挑战，决不放弃。其后，他投入到了艰苦的训练中，从未有一刻放松自己，挫折、失败进一步激励了他的斗志。后来他果真成了100米跑最快的人，在奥运会上获得了4枚金牌。

欧文斯所有这些，都是因为他向潜意识注入成功的欲望——"我要做帕多克这样的人。"欧文斯在其潜意识的引领下，终于成为世界上最伟大的运动员之一。

可见，如果你想获得成功，就需要从潜意识入手，向潜意识注入成功的欲望，借助潜意识的力量实现自己的梦想。

一个人成功的欲望越强烈，他的行动力也就越强，那么他克服各种困难的勇气也就越强烈，成功的可能性也就越大。无数的事实也证明，只有那些有强烈成功愿望的人，才能最终走向辉煌的终点。

钢铁大王卡内基还是一个穷人时，他每天把自己的目标念1000遍以上，他目标是"我要成为百万富翁"。最后，他果然成了百万富翁。怎么可能有这么神奇呢？其实并不是念就会成功。而是念久了这一愿望就输入到了他的潜意识，他潜意识中根深蒂固的想法是要成为百万富翁。所以他的潜意识会控制他的行动去做很多让他成功致富的事情。

在潜意识驱动的过程中，常常，我们没有察觉地就做到了。世界著名的拳王阿里在出场之前，都会在他的更衣室不断地对自己说："我是最棒的，我是世界拳王。"每次这样说完之后，他出来打拳的状态就非常好。

所以，如果你想高人一等，想得到社会的认可、他人的尊重，最应该做的就是向潜意识注入强烈的成功的欲望。也许有人说，欲望，是一个很庸俗的词，甚至连一些成功者也不愿用这个词来形容自己成功的原因。事实是，

101

要不断地用充满希望与期待的话，来与潜意识交谈，于是潜意识就会让你的生活状况变得更明朗，让你的希望和期待实现。

潜意识中的欲望正是前进的动力，成功的阶梯，没有它，可能会一事无成。

3.知道自己真正想要什么

人生最悲惨的事莫过于穷其一生去追求一样东西，到头来才发现那不是自己真正想要的东西，而自己真正想要的东西却在自己追求的过程中一次又一次地与自己擦肩而过。

因此，要想获得成功的人生，最重要的问题是要知道自己真正想要的是什么。当你清晰地知道自己想要什么以后，你就成功了一半，而另一半你需要做的工作，就是让你的潜意识完全地相信并接受你自己的目标。

假如你能选择世上任何一份职业，那是什么职业呢？先不要在意别人的看法，即使是你的家人、朋友或配偶对你有所期望，但你要明确自己的期望是什么。

请思考下面三个问题：你每天在想什么，你每天在关注什么，你每天在如何运用自己的身体。

请你务必一定要回答你自己这三个问题，因为这三个问题的答案决定了你的潜意识会相信什么、接受什么。根据潜意识运转定律，这三个问题的答案就决定着你的未来以及你的人生。

许多人没有弄明白这三个问题，去做那些自己不愿意做的事情，这就是他们不能成功的原因。想做老师的人做了企业家，想做企业家的人却跑去当老师。想做管理者的跑去做推销员，做管理者的却是那些想做律师的人，做律师的想做医生，当医生的却想自己创业做老板……

假如你不明白自己的愿望，那么你很可能做出和自己的愿望完全相反的选择。

一个想取得成功的人必须澄清自己的思想，除去不相干的事件，并深入自己的内心，看清自己要达到的目标是什么，一旦我们有了进展就得立即强化，这种强化的工作不能只做一次，而得持续做到把这个目标注入潜意识。

103

美国著名的不动产经纪人安德鲁最初是葡萄酒推销员，这是他的第一份工作，他不知道自己想干什么，于是他认为自己的目标就是"卖葡萄酒"。最初他为一个卖葡萄酒的朋友干活，接着为一名葡萄酒进口商工作，最后同另外两个人合作办起了自己的进口业务，这并非出自热情，而是因为，正如他自己所说："为什么不？我过去一直在卖葡萄酒。"

生意越来越糟，可安德鲁还是拼命抓住最后一根稻草，直到公司倒闭。他不改行，是因为他不知道还能干什么。

事业的失败促使安德鲁去上一门教人们如何开业的课，他的同学有银行家、艺术家、汽车修理工，他逐渐认识到这些人并不认为他是个"卖葡萄酒的"，而认为他是个"有才能的人""多面手"，他们对他的看法使他抛弃了原来的目标。

一个人成功的欲望越强烈，他的行动力也就越强，那么他克服各种困难的勇气也就越强烈，成功的可能性也就越大。

安德鲁开始猛醒，仔细分析，探索其他行业，检查自己到底想干什么。最后，他选择了和夫人一起开展不动产业务，使他取得了推销葡萄酒永远不能为他带来的成功。

法国哲学家巴斯卡曾说："心灵具备某种连理智都无法解释的道理。"不要去听信阻碍你发挥潜意识力量的声音，让你的心灵做主宰，去听听那些会让你编织伟大梦想的声音，然后大胆地跟随梦想前进。

别告诉自己你能力有限，这会让你的意识和潜意识互相排斥。但也不要盲目。假如数学难倒了你，你可能没有机会成为量子物理学家；假如你已经五六十岁了，你可能无法在职业篮球比赛中闯出一番天下；假如你看到血就会晕倒的话，最好打消做外科医生、屠夫或拳击手的念头。原来的梦想行不通的话，最好另做打算。

想一想，什么事是你想做的，什么事可以令你既觉轻松又乐在其中，什么事是别人认为你做得很好的，这有助于你去认识自己的兴趣和才华，假如你借助潜意识的力量把这些才华运用在目标的追求上，成功的机会将不可限量。

对于真正能够获得成功的人而言，他潜意识里的目标不是别人的，而是自己的。这一点很重要。

没有任何两个人的梦想及目标是一模一样的。为什么？因为没有人和另一个人是完全相同的，每个人都是独一无二的。

生命本来就是这样。无论我们想表现得多么不自私、或以他人为生活中心，我们都做不到，而且坦白地说，我们也不应该这么做。因为每一个人都受到各自独特的生长环境、父母、师长……所影响，每一个人都有不同的人格及迈向成功的特质(如天赋、才能、性格等这些与生俱来、未经琢磨的特质)这些特质造就了我们的独特性，也引导我们走向属于我们个人独享的自我实践的路上。

如果生命是一个交响乐团，你不需要替整个人类社会编曲弹奏，你只需要尽力弹奏好属于你这一部分的乐器。先问问自己要选择什么样的乐器。有人选大喇叭，有人选长笛，两种都很好，如果你想同时学会这两种乐器，你必须花上许多时间来练习。如果你只选择一种也无妨，但在练习的时候，请你一定要以自我为中心、专注于自己的弹奏练习，因为这是掌握自己的人生的方法。

4.设立的目标一定要明确清晰

潜意识没有辨别能力，它像是一个纯自动机制，只要你设立了一个目标，它可以自动帮助你实现，就像巡航导弹的目标追寻机制，帮助你接近并击中这个目标。

但为什么很多人并没有击中自己的目标呢？其中一个重要的原因是因为，他们的目标不够明确和清晰。

如果你上了一辆出租车，花了五分钟时间跟司机讲了好多地方，他会感到困惑，甚至拒绝为你服务。同样，你的潜意识也是如此。你首先必须要有一个明确的目标，一个最终的决定，知道从哪里找出路。

105

假如你不明白自己的愿望，那么你很可能做出和自己的愿望完全相反的选择。

　　有一个真实的例子，说明一个人若看不到自己的目标，就会有怎样的结果。

　　一天清晨，加利福尼亚海岸笼罩在浓雾中。在海岸以西21英里的卡塔林纳岛上，一个34岁的女人涉水下到太平洋中，开始向加州海岸游过去。要是成功了，她就从所有的女性中脱颖而出，成为第一个游过卡塔林纳海峡的妇女，这名妇女叫费罗伦丝·查德威克。

　　那天早晨，海水冻得查德威克身体发麻，雾很大，她连护送她的船都几乎看不到。时间一个钟头一个钟头过去，成千上万的人在电视上看着她。她仍然在游。有几次，鲨鱼靠近了她，被人开枪吓跑。在以往这类渡海游泳中最大的问题不是疲劳，而是刺骨的海水造成体温过低。

　　15个钟头之后，查德威克很累，身体冻得发麻。她知道自己不能再游了，就叫人拉她上船。她的母亲和教练在另一条船上，他们都告诉她海岸很近了，叫她不要放弃。但她朝加州海岸望去，除了浓雾什么也看不到。

　　几十分钟之后——从查德威克出发算起15个小时零55分钟之后，人们把她拉上了船。又过了几个小时，她渐渐觉得暖和多了，这时却开始感到失败的打击，她不假思索地对记者说："说实在的，我不是为自己找借口，如果当时我看见陆地，我相信我能坚持下来。"

　　人们拉查德威克上船的地点，离加州海岸只有半英里!后来她说，令她失败的不是疲劳，也不是寒冷，而是因为她在浓雾中看不到目标。两个月之后，她成功地游过同一海峡。她不但是第一位游过卡塔林纳海峡的女性，而且比男子的纪录还快了大约两个小时。

　　如果目标仅仅表达了一种"意愿"，无法衡量前进了多少，那将会导致意识与潜意识的冲突，最终导致无法实现目标。

所以，目标必须是具体的、清晰的、明确的、可以测度的。这样，我们的潜意识就接到了明确的指令，它会制订最快、最有效的方案来达成我们的目标。

被誉为"好莱坞喜剧天王"的金·凯瑞，13岁时父亲因经商失利而破产，一家人只能在贫困线上挣扎，靠打杂工糊口，他只能放弃读书而帮助家庭维持生活。但他仍然下定决心一定要成功。有一天，他拿出一张空白支票，上面写着："这个支票要付给金·凯瑞1000万美金，在1995年底，要拥有1000万美金的现金。"

后来金·凯瑞就把这张支票携带在自己身上。每天有事没事的时候，就把这张1000万美金的支票拿出来看——"金·凯瑞得到1000万美金，在1995年年底""金·凯瑞得到1000万美金，在1995年年底"……每天如此。

1995年，金·凯瑞从事电影的第二年，他得到一个合同，片酬高达2000万美金的一部片子，超过他原来的期望。后来他父亲过世，他回到父亲的墓地那边，把那张空白支票，自己签字的支票摆在墓碑的旁边，他说："父亲，我终于成功了！"

可以看出，金·凯瑞的目标明确而又清晰，所以他实现了他的目标。

你要把自己的目标具体化，比如你的梦想是想要拥有很多钱，你就必须具体地告诉自己想要多少钱，在什么时

107

对于真正能够获得成功的人而言，他潜意识里的目标不是别人的，而是自己的。这一点很重要。

候得到。

为了使目标更清晰，你还可以把自己的目标视觉化。视觉划分为肉眼视觉化和心灵视觉化。

肉眼视觉化即把你的梦想画成具体的图像贴在你经常看到的地方，最好在你睡前醒后都能看到的地方，通过让它反复刺激你的眼睛进入你的潜意识，因为潜意识对图像化了的东西比较敏感。

心灵视觉化就是通过不断地想象自己已经实现梦想过后的画面和场景来刺激自己的潜意识。通常你想象的场景越具体、越清晰，你的潜意识就越容易接受你的梦想。而当潜意识完全接受你的梦想的时候，也就是你梦想成真的时候。

5.不断想象自己的奋斗目标

人的潜意识分不清楚事情的真与假，明确清晰的目标只要通过不断重复的想象，潜意识会帮你实现它。

很多人以为想象是白日做梦，实际上这种人不懂成功学，他们不了解什么叫潜意识的力量。所有的成功者都知道，这是个有效的方法。爱因斯坦说：想象力比知识还要重要。不管你的目标有多大，有多远，都可以透过想象来达成。

芝加哥公牛队的教练在训练队员时有一套独特的方法。他一定要每一个球员利用潜意识的力量，先想象今天比赛会成功，会得冠军，然后球员才开始练球。

他换到湖人队第一年就让湖人队得到了总冠军。他用潜意识的力量，让球员静坐三十分钟。

你可能会觉得一个篮球队先来幻想，然后静坐，这是什么训练？但事情的结果证明，这个教练是全美国最有效的教练。

激发潜意识的重要方法是想象。想象成功的速度，比常规方法不知道快多少倍。比如今天你有任何目标要达成，你可以看很多的书籍，拜访很多的人，计划很多事情，但透过想象，在想象中你的目标已经达到了。

你要成功，你就想象当你成功的时候，你穿着什么样的衣服，你住在什么样的别墅里，开什么型号的车子……会有多少人给你掌声，你的爱人会对你说些什么，你是怎样的一种笑声，你会对世人说些什么……所有人都来为你祝贺，你切着五层的白色蛋糕时的感受，你在自家的游泳池里游泳的感受，你搭着飞往夏威夷航班时的感受……

在现实生活中，要实现的东西，往往都是在你的思考、想象当中先实现一次，先想过一次，在真实的生活当中才会出现。

每天在早上起床前至少花十分钟，在睡觉前十分钟做想象，这两个时段是输入潜意识最好的时段。你可以去想象目标已经实现，感受成功的喜悦，你的潜意识就会为你去努力。

有许多人解决问题和渡过难关都是通过这种训练有素的想像，他们知道，只要他们当真接受他们的想象，就一定会达到目标。

109

> 在现实生活中，要实现的东西，往往都是在你的思考、想象当中先实现一次，先想过一次，在真实的生活当中才会出现。

有位姑娘卷入了一宗官司，她对结果的想象常常是一些失败、损失、破产和贫穷等情景。案情复杂，审理拖延了又拖延，好像永无解决之日。根据心理医生的建议，这位姑娘在每天睡觉前，都开始想象一种美好的结局：她想象她的律师同她进行了深入讨论，她问问题，回答总是恰如其分；律师一次次地告诉她，"结果很圆满，不经法院就可以结案。"白天，当恐惧的思想出现时，她就会在脑海中"放电影"，想象她的律师在讲话，细致到微笑、手势、讲话的声音、环境等，栩栩如生。她经常这样"放电影"，这些想象成了她的主观思维模式。几周以后，她的律师告诉她，案子有了结果。她主观上的真实感受和想象已在客观中被证实了。

一个人要什么东西，要透过想象，想象不是重点，想象之后相信才是重点。越相信自己会成功的人，他成功的速度会越快。

相信奇迹的人总是最靠近奇迹。很多奇迹我们难以置信，但它还不是一样在人类社会中发生了吗？比如以前人们认为传送信息必须靠马匹来传递，而现在用网络传送文件比任何一匹马都快；以前人们认为登上月亮只是幻想，但是这个幻想已经被人类实现了；以前人们会觉得到异国游历很花费时间，几个月、几年甚至是一生，但是现在只要几个小时的飞行，你就可以轻轻松松踏上异国疆土。

不是每一个相信的人都会成功，但是最相信的人通常都是成功者。我们只有相信自己的目标，潜意识才会把实现这个目标的条件吸引到我们周围，我们才会创造奇迹。

6.让"未来远景图"指引潜意识

潜意识是一笔巨大的资源,利用好它,就能挑战自我极限,成就一番事业。而为了让自己获得成功,你必须做出一个未来规划,让它影响和指引你的潜意识。

在制订未来规划时,你首先要问问自己:从现在起的十年,我想做什么呢。

一个为期十年的事业规划,可能会掺杂你的幻想。由于可能出现许多不能预料、未可预知的事,任何一幅"未来远景图"都可能不完全,但叫人惊讶的是,有那么多人实现了他们长远的目标。

正是这些貌似不可能实现的目标,激发了人自身潜在的能量,促使其向自我发起挑战,把无数不可能变成了可能。

"未来远景图"不仅是目前趋势的合理预测,它更需调和自己的潜意识,其中包含价值观、信念和直觉,把可能性和心态做一个全新的组合。

这个道理不难理解,潜意识中渴望某种东西的时候,实际上是给自己设定了一个远景目标,奋斗的动力也随之

111

一个人要什么东西,要透过想象,想象不是重点,想象之后相信才是重点。越相信自己会成功的人,他成功的速度会越快。

产生。而且渴望的程度越是强烈，奋斗的动力也就越是强大，在这种情况下，人的头脑经常处于兴奋状态，精力充沛，思路清晰，对每一件事都充满热情，因此常常能够作出惊人的决断，完成难以完成的任务，解决难以克服的困难，总之，渴望能够强化心中的奋斗目标，调动你前进的动力，使你梦想成真，心想事成。

未来远景图是事业成功的必要工具，它给潜意识输入了追求目标。但这种远景规划得之不易，它们以愿望为基础，远景设计是从发现中得来，而不是从盲目的追求中得来，它是通过反复思考得来的。

并不是把未来远景图输入潜意识，我们就能如愿以偿。这种规划需要充分考虑可能性和可行性，并从当前思维的限制中逃离，以便拓展更开阔的眼界。

有这样一个故事，一天晚上，有个人遗失了一把钥匙，他就在灯光下找了起来，其实他是在比平常昏暗的地方丢失了钥匙，但是他却在看得最清楚的地方寻找，人总是停留在熟悉的范围内，所以每个人只要不放过"昏暗处"的问题，通常都会峰回路转。

另外一个例子也可以说明这一点。

有一对即将退休的夫妻，回想起在南部海岸曾有一段快乐的假期，于是决定退休以后迁居此地与海为邻。在一个明媚的春天，他们买下了一栋别墅。五年之后，在秀丽的美景中，闲暇度日的梦想破碎了，因为别墅潮湿不说，而且离商店太远，加上两人上了年纪又患了膝关节炎，以至于爬爬别墅所在的小山，对他们而言都是每天难熬的折磨。此外，左邻右舍皆不够友善，朋友也很少来往。

然而，这是哪里出了差错呢？这对夫妇的确有一幅"未来远景图"，经过多年的想象，这幅"一栋海边别墅"图已经在他们的潜意识中扎根。但他们却没有充分评估它的可行性。像小山、潮湿环境和邻居不友好这些可以预料的问题事先没有觉察，所以他们的"未来远景图"的组成不够完善，反而变成一个可笑的梦，而不是一个理智的、具有进步性的计划。

另外，环境的变化对个人事业的发展也具有突出的影响力，要么是促进事业的发展，要么是阻碍事业的发展。良好优越的环境是个人事业发展的温床，是达到良好理想的铺路石，一个向往事业成功的人必须要因环境的需要而采取适当的行动方案，要懂得审时度势，善于调动个人的主观决断力去改造环境，以更加有利于事业的成功。他必须使潜意识坚信：环境能够服从并服务于自己，当环境与自己事业的发展融为一体、和谐一致的时候，也就是个人事业成功的时候。

113

> 未来远景图是事业成功的必要工具，它给潜意识输入了追求目标。但这种远景规划得之不易，它们以愿望为基础，远景设计是从发现中得来，而不是从盲目的追求中得来，它是通过反复思考得来的。

7.给潜意识传送"行动"指令

许多获得非凡成就的成功者，他们都懂得如何善用潜意识的力量以达到成功。你若想要达成你的愿望或目标，便不可不知如何运用潜意识的力量。

拟订一套尽可能详细的计划是首要任务，但更重要的是你必须给潜意识传送"行动"指令，片刻不停地去实行它。

很多人对自己的未来都有很好的想法与规划，然而想到说到都不如做到，如果不及早拿出行动来，再美好、再有价值的想法也不过是空中楼阁、镜花水月。因此当你树立理想、确定目标后，就一定要积极行动起来，只有行动才能把理想化为现实。

114

"通过这条路直接穿越过去，有没有这种可能？"拿破仑问他身边的工程师们。这些工程师们曾被派去探询能否穿越阿尔卑斯山脉圣伯纳出口的路。"可能吧，将军。"他们吞吞吐吐地回答道，"还是有一点可能性的。""那就前进吧！"拿破仑坚定地说道，他丝毫没有介意工程师们刚才回答时的弦外之音。

此时，英国人和奥地利人听说拿破仑想要跨越阿尔卑斯山的消息后，都嘲讽说："那可是个从来没有任何车轮碾过，也从不可能有车轮从那里碾过的地方。更何况，拿破仑还率领着数万军队，拉着笨重的炮车，带着成吨的炮弹和炸药，并且还有大量的战备物资呢！"

然而，被困的马塞纳将军在热那亚陷于饥饿的境地时，一向认为胜利在望的奥地利人看到拿破仑的军队突然出现，他们不禁目瞪口呆。事实上，拿破仑并没有像其他人一样被高山吓倒，从阿尔卑斯山上溃退下来，勇于行动让他取得了胜利。

"坐而思之不如起而行之。"无论是个人的进步，还是整个世界的进步，都取决于行动。没有什么比行动更重要，也没有什么比行动更容易让人接近成功。

　　有位作家，他从小就喜欢写作，却始终没有动手。在他读中学的时候，就觉得必须写点什么。他时常感到自己对看到的事物有话没有说，老憋在胸中，胀得难受。可每次坐下来，又不知如何下手，有时连标题也想不出。

　　就这样过了许多年。终于有一天，这种令他困惑苦恼的局面发生了变化。那是他在巴塞罗那遇到一个朋友之后，他的这位朋友原来是个小商人，可现在成了一位大饭店的老板。"伙计，"那天晚宴时朋友对他说，"我失败了许多次，但行动让我实现了目标。"朋友举起酒杯，感慨地环视了一下华丽的餐厅，这一切都是努力行动的结果。

　　他明白了，以往他有的只是目标，缺乏努力行动的劲头。从此他强迫自己坐下来，鼓励自己写下去，鼓励自己接受和解脱痛苦的失败……谢谢那位朋友，他努力奋斗了，也有了今天。强迫自己，努力写下去，使他迈出了写作的第一步，最终成为一名作家。

115

　　显意识与潜意识的冲突有无数种，心理学中"人格面具"原型和"阴影"原型的冲突斗争是其中常见的一种。所谓人格面具，是指一个人为适应社会的要求，为自己塑造的一种外在形象。

　　目标与行动对于一个人的生存都是非常重要的。只要有了目标，就要勇于向潜意识传送"行动"这一指令来提升你的行动力。人世间的事没有一件绝对完美或接近完美。如果要等到所有的条件都具备以后才去做，只能永远等待下去。

二战时期功勋卓著并在其后一段时间担任法国元首戴高乐将军，年轻时就是一个"想当元帅的好士兵"。年轻时的伟大目标，一直贯穿着他的军旅生涯、政治生涯。在此目标的激励下，他付出了艰苦卓绝的努力，也取得了伟大的成就。

戴高乐将军青年时在法国步兵第二师三十三团九连当兵。在部队里，他勤奋学习，自觉钻研军事书籍，研究著名战例的史料，常常谈论著名历史将领的功过是非，表现出他的雄才大略。经过阅读，他的视野更加开阔，也就给自己树立了一个伟大的目标：要像历史中的那些伟大元帅一样建立不朽的功勋。在此目标激励下，戴高乐学习更加勤奋了。后来，与戴高乐同时入伍的人大都升为中士，而戴高乐依旧是下士。人们不解，便去问连长德蒂尼上尉。上尉耸了耸肩膀，不屑一顾地说道："我怎么能把这样的小伙子提升为中士呢？他只有当上大元帅才能称心如意!"这话一传开，戴高乐便有了"大元帅"的称号。

这位"大元帅"后来又进入圣西尔军校进行正规学习。他以成为一个大元帅的目标来要求自己，对军事学习精益求精。毕业后回到部队作战英勇无比，曾三次负伤。1916年3月，他中了弹，倒在血泊里，人们都以为他阵亡了。就在"大元帅"的死讯传出以后，军队统帅部追授他代表法国军队最高荣誉的十字勋章，在证书上写道："该员在激战中以身殉职，不愧为在各方面无与伦比的军官。"富有喜剧色彩的是，戴高乐只受了重伤却并没有死，这一次重伤，为他实现"当元帅"的目标提供了机遇，他的将帅才华得到赏识。伤好归队后，他被任命为准将，统帅法国军队。

在第二次世界大战中，法国沦陷于德国法西斯之手，戴高乐被迫流亡英国。可他依旧不屈不挠地奋斗，英国首相丘吉尔用赞赏的口气称他为"大元帅"。然而，戴高乐又很谦逊，尽管他真正成为了法国军队的统帅，可却两次拒绝授予他元帅军衔的决定。虽然一直到死他仍然是一个将军，但是，他用自己的行动实现了自己当大元帅的目标。

当戴高乐决定将当元帅作为自己的目标时，他面临着巨大的挑战，但一旦确定了这个目标，并全力以赴努力时，征服目标途中的困难也就不再艰难了，当然胜利的收获也必然属于他。

117

目标与行动对于一个人的生存都是非常重要的。只要有了目标，就要勇于向潜意识传送"行动"这一指令来提升你的行动力。

8.坚持到底直到梦想变为现实

潜意识的活动是不分昼夜的，然而，一般人所关心的仍是意识，而潜意识则通常被忽视，因此，保持对梦想的追逐而不动摇和放弃，使得潜意识的作用展开，是非常重要的一环。

许多成功的人物之所以能够实现他们的梦想，主要是因为他们将梦想注入了潜意识，并坚持到底，他们具有按照成功模式来思考问题的习惯。他们心里所想、行为所做的都是朝向成功，因而最后都成为事实。

人的一生很短暂，但现实的诱惑却比比皆是，如果我们被这些诱惑所羁绊，那么就什么目标也不会实现；如果我们能够坚持不懈地奔向目标，那么就没有什么做不到的事。

英国首相丘吉尔不仅是一名杰出的政治家，而且是一名著名的演讲家，十分推崇面对逆境坚持不懈的精神。他生命中的最后一次演讲是在一所大学的结业典礼上，演讲的全过程大概持续了20分钟，但是在那20分钟内，他只讲了两句话，而且都是相同的：坚持到底，永不放弃!坚持到底，永不放弃!

这场演讲是成功学演讲史上的经典之作。丘吉尔用他一生的成功经验告诉人们：成功根本没有什么秘诀可言，如果真是有的话，就是两个：第一个就是"坚持到底，永不放弃"；第二个就是当你想放弃的时候，回过头来看看第一个秘诀：坚持到底，永不放弃。

有一位学生问大哲学家苏格拉底，怎样才能修学到他那般博大精深的学问。苏格拉底听了并未直接作答，只是说："今天我们只学一件最简单也是最容易的事，每个人把胳膊尽量往前甩，然后再尽量往后甩。"苏格拉底示范了一遍，说："从今天起，每天做300下，大家能做到吗？"学生们都笑了，这么简单的事有什么做不到的？过了一个月，苏格拉底问学生们："哪些同学坚持了？"有九成同学骄傲地举起了手。

一年过后，苏格拉底再一次问大家："请告诉我，最简单的甩手动作，还有哪几位同学坚持了？"这时整个教室里，只有一人举了手，这个学生就是后来成为古希腊另一位大哲学家的柏拉图。

看起来简单容易的事情，如果不能坚持下去，成功的大门就绝不会轻易地开启。

1915年，芬妮·赫斯特来到纽约，要用写作来赢取财富。奇迹并没有在一夜之间来到，4年中，赫斯特踩遍了纽约的每一条人行道。她夜以继日地收集素材，写作投稿。每当希望黯淡的时候，她不是说："好吧！百老汇，算你赢了！"而是说："很好，百老汇，你打倒过不少人，不过，那可不是我！我会让你认输。"

在一篇故事刊登在《星期六晚邮》报之前，这份报纸已经退了赫斯特36次稿。一般的作家碰到第一次退稿就会放弃了，而她却投了36次。

之后，回报突如其来，仿佛魔咒一下子解除了一般。从此以后，出版商络绎不绝往来于她家大门，然后是拍电影的人找到她，就像找到宝藏一样。

从这则故事中，我们可以看出恒心和意志的力量。芬妮·赫斯特并不是例外。百老汇可以给任何一位乞丐一杯咖啡和一块三明治，但是却要求那些想做大赢家的人必须坚持到底。

古今中外，那些取得杰出成就的人，无不在称颂坚持

119

避免被内心的矛盾所困扰的最好办法，必先完全明了矛盾发生的原因，从根本上去着手。

的重要性。只要我们拥有这种韧性，世界上还有翻不过的山，战胜不了的困难吗？面对困难，我们要坚持；面对失败，我们要勇敢地挺过来，直至取得胜利。

因为**真正让你不能持之以恒的，是你想要放弃的想法进入了潜意识。你告诉自己的话，可能会忘记，但是你教给潜意识的东西，它会一直贯穿在你的人生中。**

所以，一旦有了正确的目标，就不要过一段时间后认为不重要或者没有必要，也不要让畏难情绪进入你的思想，否则潜意识会给你找台阶下，然后顺其自然地就放弃了！

开始做一件比较长期的事情或者决定时，请务必把要去做的理由写下来，保证以后能看得到，理由越多越好！同时，对一切消极信息进行控制，不要让它们随便进入我们的潜意识中。遇到消极思想信息时，可采取两个办法加以控制：

一是立即抑制它、回避它，不要让它们污染你的大脑思想。对过去无意中吸收的消极失败信息，永远不要提起它，把它遗忘，让它沉入潜意识的海底。

二是进行批判分析，化腐朽为神奇。用成功积极的心态对失败消极的心态进行分析批判，化害为利，让失败消极的潜意识像杂草化成肥料一样，变成有益于成功卓越的潜意识。

另外，你要不断给自己鼓励，把大目标或者路程分成一个个小目标、一小段段路程，你不需要时刻看着你离目的还有多远，你只要专注并且完成你面前的这个小目标、小段路程，最终的梦想就更近了！

9.运用潜意识树立成功信念

利用潜意识不分真假的原理，在大脑中引导出你所希望的成功场景，可以达到替换潜意识中负面信息的目的。通过反复的暗示，可以树立成功信念，并积极的行动，达到预定的目标。

信念能带来奇迹。它是目前还不能量化以分析的神秘事物。正是信念能使人们的力量倍增，使人们的才能倍增。如果没有信念，人们将一事无成。当遇到某种摧折时，如果我们能尽量去找出其中的光明面，以乐观的态度去对待，那么就极有可能把逆境变成顺境。

一艘轮船在大海上航行时遭遇了风暴，不久就沉没了，船上人员死伤无数。一个年轻人侥幸从轮船上弄到了一艘小小的救生艇而幸免于难，救生艇在风浪中颠簸起伏，如同叶子被风吹来吹去。他迷失了方向，救援人员也一直没能找到他。

很快天渐渐地暗下来，饥饿、寒冷、恐惧一起袭上年轻人的心头。然而，他除了救生艇，一无所有。这场灾难

121

真正让你不能持之以恒的，是你想要放弃的想法进入了潜意识。你告诉自己的话，可能会忘记，但是你教给潜意识的东西，它会一直贯穿在你的人生中。

使他失去了所有的一切，他的心情灰暗到了极点，他无助地望着天边。忽然，他似乎看到了一片阑珊的灯光，他高兴得几乎跳起来。他奋力地划着小艇，向着那片灯光前进，然而，那片灯光似乎很远，天亮了，他也没有到达那里。

年轻人没有放弃求生的希望和信念，他依然艰难地继续划着小艇。他想，那里既然能看到灯光，就一定是一座城市或者港口。生的希望在他的心中燃烧着，死亡的恐惧在一点点地消失。白天，灯光自然看不见了，到了夜晚，那片灯光才在远处闪现，像在对他招手。

一天又一天过去了，食物和水已经没有多少了，他只有尽量少吃。饥饿、干渴、疲惫更加猛烈地折磨着他，好多次，他都觉得自己快要崩溃了，但一想到远处的那片灯光，他又陡然增添了许多力量。

在海上漂泊的第四天，年轻人依然向那片灯光划着，最后，他支持不住昏了过去，但他的脑海里依然闪现着那片灯光。

不久，年轻人终于被一艘经过的船只救了上来。当他醒来时，大家才知道，他已经在海上漂泊了4天4夜。当有人问他是怎么坚持下来的，他指着远方那片灯光说："是那片灯光给我带来了希望。"

大家望去，年轻人所指的那片灯光只不过是天边闪烁的星星而已！但是，这"灯光"给他带来了希望，他坚持朝着这个方向划去，最终成功获救。

人生的旅途，如航行在黑暗中浩瀚无边的大海，当你坎坷困顿、遭受不幸时，千万不要放弃自己当初的选择，当初的梦想。坚定的信念是指引你前行的灯光。只要有不动摇的信念，你甚至能移动一座山。只要相信自己能成功，你就会赢得成功。

人的行为受信念支配。你想要做出什么样的成绩，关键在于你的信念。一般说来，人类许多伟大的发明似乎与理性并无关系，而是经由坚定信念所产生的热忱及梦想，持之以恒最终实现了目标。这种信念可以说是非科学的，但此种非科学的信念却成为发展科学的最大力量。

就日常生活而言，由于并不需要高度的热忱和坚定的信念，因此一般人均是在遇到有特殊情形时才会行动。例如，吃完早餐后，步行到车站搭车上班，这是日常的行动，一旦日积月累地成为习惯，并不需要任何热忱或信念就可完成。但有些特别的行动，也许在别人看来不可思议，然而当事人却将之视为很自然的事，其中的关键就在于他们已把信念化为潜意识，将这些行动转化为习惯性行为。

许多人总是以为自己天生承担失败及不幸的角色，其实，问题并不在于他们的想法是否正确，而是他们的潜意识受到了消极的影响，自己所具有的能力便无法发挥出来。相反，总是以积极的态度面对人生，这种态度就会成为一种习惯，慢慢在潜意识中生根，很多难题均可迎刃而解。

在普通人看来不可能的事，如果当事人在潜意识中认为"能"，相信能做到的话，事情就会按照这个人信念的方向发展。这时，即使表面看来不可能的事，也可以完成。

123

许多人总是以为自己天生承担失败及不幸的角色，其实，问题并不在于他们的想法是否正确，而是他们的潜意识受到了消极的影响，自己所具有的能力便无法发挥出来。

与许多在各种职业中失败过的人谈话后，你能了解无数失败的理由和借口。比如他们会无意中说："老实说，我原来就不认为它会行得通。"或："我在开始前就感到不安了。"或："事实上，我对这件事情的失败并不觉得太惊奇。"他们大多都采取"我暂且试试看，但我想不会有什么结果"的态度，结果最后导致了失败。"不相信"是消极的力量。当他们心里不以为然或怀疑时，潜意识就会找出各种理由来支持他们的不相信。

所以，我们对于成功必须持坚定的信念，积极地相信它，勇敢地去实现它。

第5章 如何运用潜意识帮你建立自信气场

自信是一种力量、一种气场，是引导一个人走向成功的重要因素，也是鼓舞一个人在困难面前百折不挠，奋勇前进的内在动力。一个人是否有自信气场，与潜意识有直接关系。学会运用潜意识建立自信气场，我们就可以驱使我们的内心，为我们做好一切服务。

1.自信心是我们生命的脊梁

自信心是一种反映个体对自己是否有能力成功地完成某项活动的信任程度的心理特性，是一种积极、有效地表达自我价值、自我尊重、自我理解的意识特征和心理状态，也称为信心。

一个人不能没有自信心，否则就会支撑不起人生的追求。自信心就是我们生命的脊梁。

具备充足的自信心是心理健康的需要。人都有一种表现自我、获取认同的本能倾向。自信的人更容易被人认可，从而满足自己的心理需要。

具备充足的自信心是正常人际交往的需要。现代社会是信息社会，地球村正在形成，人与人之间的交往距离正在缩短，而在日趋频繁的人际交往中，自信心是非常重要的。自信，更容易给人营造良好的人际交往氛围和人际交往效果。

自信心使人勇敢。自信的人总是能够以轻松自然的态度来面对生活中复杂的情景或挑战，表现出大智大勇的气度。

自信心使人果断。自信的人勇于承担责任，不会因为事关重大而优柔寡断，不会想着逃避不好的结果而瞻前顾后，因而会保持一贯的果断作风。

自信心使人谦虚。自信的人更能正确对待自己的优点和缺点，从而可以更加全面地认识自己，谦虚待人，不断进步。

一个人一旦失去自信心，就会失去前进的动力，而一旦有了充分的自信心，就可能产生强大的内驱力，燃起智慧的火花，最终走向成功。

但是现实中却有太多的人不敢相信自己，甚至怀疑自己，影响了自己的事业、交际和生活。

如果对自己缺乏起码的、适度的信心，那么，在现实生活中，我们就不可能具有坚毅、刚强、无所畏惧的品质，就不可能壮志凌云、豪情万丈，去积极追求生活的目标和美好的未来。在生活道路上，我们就只能步履蹒跚，甚至举步维艰。我们的一生也就只能是浑浑噩噩、无所作为，而不会轰轰烈烈、名垂青史。

许多人的自卑和胆怯并不是先天就有的，而是在后天的生活中学习来的，是在他们的潜意识中自动运行的。

人的自信来自两个方面，一种是先天的，一种是后天的。先天的自信是人的先天智慧的本能体现，带有盲目性和不可分辨性，这种自信能使人产生勇气，儿童和青少年身上所表现的行为特征很明显，"初生牛犊不怕虎"说的就是这个道理。但随着年龄的增长，由于客观原因的限制，这种带有盲目性和不可分辨性的自信，就会逐渐减弱。而后天产生的自信，除了来源于人固有的智慧，还来源于所掌握的知识、经验的积累，来自别人的鼓励，自我鼓励和自身所具有的外部条件。

一个人的潜意识对其记忆、思维、创造、想象、生理等众多方面有很重要的影响。积极的潜意识可以提高人体

127

具备充足的自信心是心理健康的需要。人都有一种表现自我、获取认同的本能倾向。自信的人更容易被人认可，从而满足自己的心理需要。

的机能，能够促进人的活动，能够形成一种动力，激励人去努力，而且，在活动中能够起到促进的作用，从而产生胜任感和自信。消极潜意识会使人感到难受，抑制人的活动能力，使人活动起来动作缓慢、反应迟钝、效率低下，从而产生无助感和自卑感。

不自信的人，往往是在成长过程有消极信息被输入了潜意识。比如有个人害怕在众人面前说话，原因是中学时在回答老师问题的时候说错了一句话，同学们哄堂大笑，他脸一下红了，下课后同学们见到他之后仍旧用那个笑话逗他，以至于在以后的日子里，他落下害怕在众人面前说话，一说话就脸红的毛病。

你的潜意识无法与你争论。因此，如果你给它的是个错误的建议，它也会接受，并产生相应的结果。过去在你生活中所发生的一切事情，都是基于你潜意识中的想法。如果过去有消极的信息被输入了潜意识导致你现在不够自信，就要想办法把它调整过来。你可以不断地重复一些有建设性的、积极的思想，你的潜意识就会重新接受新的思维习惯，因为它是你习惯生成的基地。

如何才能知道自己是否有自信心呢？当你做完以下的测验，结果便马上知晓。

你是否会将过失转嫁给别人。

你是否常在家里或办公室里发脾气。

在人前，你是否会十分在意别人的想法，甚至变得胆怯。

你是否常在回忆光荣的过去。

面对陌生人时，你是否会害羞。

你是否会对陌生的事情感到害怕。

你是否害怕失去工作。

你是否害怕找不到工作。

和上司交谈时，你是否感到局促不安。

你给出的以上问题的答案中只要有一处是肯定的，就表示你的自信心正亮起黄灯。你就需要从潜意识入手，替自己谋求更多的自信。

129

2.保持"我是最好的"感觉

不管你够不够资格当封面女郎或健美先生，你永远都可以持"我是最好的"的态度，不必显出任何自卑或压抑。正如罗斯福夫人所说："没有你的同意，谁也不能让你觉得自己差人一等。"假如你始终保持这种感觉，它就会融入你的潜意识，使你变得非常自信。

学会从潜意识里喜欢你自己，愉快地接纳你自己，是培养自信心的一个重要秘诀。每一个人都是一个独特的个体——如果你坚信这一点，你会比其他人至少少掉50％的自卑和烦恼。

其实在小时候，我们就常被告知，雪花是独一无二的，没有任何两朵雪花是同样的。我们的指纹、声音和DNA也是如此。因此可以肯定，我们每一个人都是独一无

一个人一旦失去自信心，就会失去前进的动力，而一旦有了充分的自信心，就可能产生强大的内驱力，燃起智慧的火花，最终走向成功。

二的个体。我们是这个世界上的新事物，以前从没有过，从开天辟地一直到现在，从来没有任何人完全跟我们一样；而将来直到永远，也不可能再有一个完完全全像我们的人。据阿伦·舒恩费说，"可能有几十个到几百个遗传因子——在某些情况下，每一个遗传因子都能改变一个人的一生。"即便在一个人母亲和父亲相遇而结婚之后，生下的这个人正好是他的机会，也是30亿万分之一。换句话说，即使这个人有30亿万个兄弟姊妹，也可能都跟他不一样。

有一部日本电影《樱花恋》，里面的女主角是位日本姑娘，想要去动手术做双眼皮，结果使她的美国丈夫非常生气。

日本姑娘想做双眼皮的目的是要使自己变得像西方人，她以为那样"会使丈夫觉得她更可爱"。但事实上那位美国丈夫所爱的却正是她原来的东方面貌；换句话说，她丈夫就因为她长了单眼皮、亚洲人身材、直头发才爱她。

事实上，我们差不多每人都有过这种认识：往往西方人在东方所挑选的东方太太，并不是我们东方人心目中认为漂亮的。相反的，他们挑的却正是我们认为不漂亮的。他们常常喜欢找一些身材特别娇小玲珑，头发完全是东方原始的样式，没有染烫，鼻子不高，单眼皮，而举止也保有东方固有的文静的姑娘。因此，常有人觉得西方人的审美眼光奇怪。

其实，他们的眼光是正常的。他们如果爱那种西洋化了的东方人，那就干脆去娶一个他们本国的姑娘，不是更标准吗？他们爱东方人，就是因为东方姑娘们是东方姑娘，具有一切东方姑娘的特色和东方的美点。而我们东方人却和他们站在不同的立场。我们有时欣赏西方人的风仪，对自己本来的面貌反而觉得平庸无奇，所以，希望把自己弄得西洋化一点。

一个人对另一个人发生爱情，往往不是爱对方够上什么标准，而只是爱上他的特色。否则大家都向着少数的几个"标准"美人进攻，其他那些不够"标准"的，岂不找不到爱情了吗？

一个人生来的特点可能就是他的美点，我们不必希望自己像某一个有名的人，而应该希望自己只最像自己。

谈起一个人应该有一个人的特色，就不免想到那些电影明星。有一阵子，我们在网络、纸媒、电视上，看见许多艺术照片或人物造型，都有点像A，又过一阵，这些人又变得有点像B。这些人不懂得发挥自己的特色，而只知"东施效颦"，就难怪他们只能做默默无闻的三四流角色了。

爱默生在散文《自恃》中说："……模仿只会毁了自己；每个人的好坏，都是自身的一部分；纵使宇宙充满了好东西，不努力你什么也得不到；你内在的力量是独一无二的，只有你知道自己能做什么。"

查理·卓别林刚刚开始拍电影的时候，导演让他模仿德国当时一名著名的喜剧演员，可他表演一直都不出色，直到找出了属于他自己的戏路，才成为举世闻名的喜剧大师。

在欧文·柏林与乔治·葛希文两人相识的时候，柏林已是有名望的作曲家，而葛希文还仅是个每星期只能赚35块钱的无名小卒。柏林非常欣赏葛希文的才华，愿付3倍的价钱聘请他为音乐助理。但后来柏林却说："你最好别接受这份工作，否则你可能会变成一个二流的柏林；假如你

131

你的潜意识无法与你争论。因此，如果你给它的是个错误的建议，它也会接受，并产生相应的结果。过去在你生活中所发生的一切事情，都是基于你潜意识中的想法。

秉持本色，努力奋斗下去，你会成为一个一流的葛希文。"葛希文牢记柏林的忠告，努力奋斗，最终成为了美国当代著名的音乐家。

自然界到处充满多样性，而人类自身更是千差万别。世上的玫瑰没有两朵是完全相同的，也没有任何人能够与另一个人的长相完全相同。我们每个人都是独特的个体。因此，我们应庆幸自己是世上独一无二的，应该把自己的禀赋发挥出来。不管是好是坏，我们都得耕耘自己的园地；不管是好是坏，我们都得弹起自己生命中的琴弦。

从现在开始，请为我们独一无二的自己喝彩吧！反复多次，使这种思想融入到潜意识中去，就会发现，自己变得越来越自信了。

3.顾影自怜会变得真的可怜

事业不顺、生活不顺甚至种种不顺一时间都让某个人碰上了，这时，如果他一味地顾影自怜会觉得自己是天底下最倒霉的人，这种观念便会进入潜意识。于是，他可能就会真的成了一个自悯并需要别人怜悯的可怜人。

自怜一旦进入潜意识，会成为人生前进道路上的绊脚石，可以使一个人的活动积极性与能力大大降低。虽然偶尔短时间地滑入自怜状态无可厚非，但长期不能自拔，自怜就进入潜意识了。

　　自怜的根源是过分否定和低估自己，过分重视别人的意见，并将别人看得过于高大，而把自己看得过于卑微。如果说别的消极情绪可以使一个人在前进的道路上暂时偏离目标或减缓成功速度，那么一个长期处于自怜状态的人，根本就不可能有成功的希望，甚至已有的成绩也不能唤起他们的喜悦、兴奋和信心，只是一味地沉浸在自己失败的体验里不能自拔，对什么都提不起兴趣，对什么都没有信心，自己不愿走近人群，也拒绝别人接近，整个与丰富多彩的生活隔绝，与人群疏远，自囚于孤独的城堡中。

　　潜意识里有自怜思想的人会很胆小，由于要避免可能使他感到难堪的一切，他就什么也做不成；由于害怕别人认为自己无知，他就忍不住总征求别人的意见和建议；由于担心遭到拒绝，他就不敢去找个好工作。这样压抑的结果，就是他在各方面都毫无进展，并且变得更加敏感。他日益敏感，再加上日益怯懦，他的精神状态就日益低落。这样的人不能长时间把精力集中在任何事物上，只能集中在他本人身上，因而常常不能实现自己的愿望。

　　有一个人认为自己全身上下到处都是缺点，他觉得自己注定就是一个失败者。他总是习惯于贬低自己："算了，我这么胖还是别去参加团体合唱了，免得给同学丢脸！""我真是个天生的笨蛋，连这么点小事都办不好！""不，我不去跳舞！没有女孩会喜欢我的。孤零零地被晾在座位上更丢脸！"

133

　　一个人生来的特点可能就是他的美点，我们不必希望自己像某一个有名的人，而应该希望自己只最像自己。

有一次，他所在的城市要举办一次校际演讲比赛，大家都推举他参加，因为他有浑厚的适于演讲的男中音，文笔流畅，演讲稿也一定会写得很出色。无奈之下，他答应了下来，但却怕得要命，结果因为休息不好，在比赛的前一天嗓子竟然变得嘶哑，这更让他担心了。上台时，他不断对自己说："你完了！你根本不是演讲的材料！别人会嘲笑你的，你要丢脸了。"结果这个可怜的人，站到台上时竟然一句话也说不出来，大家真的对他失望了。

这个人被自怜控制住了，他不知道，如果不是因为自怜，他本来可以做得很好的。

其实，**我们的潜意识一直都在悄悄地达成我们心中的图景，使我们更接近我们心中为自己描绘的画像。如果一个天才相信他会变成一个白痴，并且一直那么想，那么他就会真的成为一个白痴。**

自怜带来的恶果还不仅如此，许多人还因此走上自毁之路。

有一年，长沙某学院的一名男生在铁轨的车轮下粉身碎骨了。他来自边远山区的一个贫寒之家，父母含辛茹苦将他拉扯大，他辜负了父母的期望。

后来根据询问其他同学和查看他的日记发现，他的自杀只是源于自怜。因为他的身高不足一米六，虽然他身体健康，各种功能健全，但只是出于审美习惯的缘故，他觉得自己在别人的眼里是个二等残废，是社会的弃儿，活着已经没有什么意思了。

很明显，这位男生的潜意识里被输入了太多的消极信息，使他失去了理智，让自卑导致的自怜占了上风。

可见，自怜可以扼杀成功，扼杀快乐，扼杀生命。我们必须从潜意识里把它清除，重新输入积极的信息，认识到自己的重要性，这样才能渐渐地摆脱自卑与自怜，拥有全新的生活。

与顾影自怜相对的是，我们可以在镜子面前提升自己的自信心。这里介绍由美国心理学家布里斯托总结的"镜子技巧"，这一方法简单有效，可以使你充满信心，强化激情。具体做法是这样的：

站在镜子前，镜子并不需要很大，但应该有相当的尺寸，使你至少能看到身体的上半部分。这时采用立正的姿势——笔直挺立，后跟靠拢，收腹，昂首，再做三四次深呼吸，直到对自己的能力和决心有了一种感觉，然后凝视眼睛深处，告诉自己会得到所要的东西，大声说出它的名字。要看得见嘴唇的移动，听得清所说的话语。

这种做法要形成为一种固定仪式，每天至少早晚两次，还可以增加内容，把喜爱的口号，或精彩的格言写在镜子上，只要它们确实代表你的设想，并希望实现的某些事情即可，不用几天，自信意识将会增强。

如果你准备去访问一个极其固执的人，或拜见一个曾使你感到害怕的上级，也可以运用镜子技巧，直到你相信自己能够做到不慌不忙，如果邀请你去作演讲，那么务必对着镜子做一番练习，用拳头敲击另一个手掌，或其他自然洒脱的手势来使观众接受你的观点。

135

我们的潜意识一直都在悄悄地达成我们心中的图景，使我们更接近我们心中为自己描绘的画像。如果一个天才相信他会变成一个白痴，并且一直那么想，那么他就会真的成为一个白痴。

当你在镜子前站好，就反复对自己说："你会获得巨大成功，世界没有任何东西能够阻止。"这么做听起来是否可笑？然而不要忘记，任何渗入潜意识的设想，都会在生活中成为现实。当然，把采用的方法告诉别人并不明智，他们会讥笑你，动摇你的信心，特别是刚开始学习这一技巧的时候。

一旦开始实践镜子技巧，眼睛就会产生一种你从未想到你会具备的力量(某些学者称之为创造力或诱惑性的东西)，你会具备锐利的目光，使别人以为你在窥视着他们的灵魂，眼睛会把信心的强度，真切地表露出来，以赢得人们的赞赏。哲学家爱默生说，每个人的等级身份都确切地包含在他的眼睛里。记住，眼睛能反映出一个人所属的阶层，所处的位置。所以要训练你的眼睛，使之充满信心，而镜子则能帮助你。

镜子技巧在许多不同方面的运用，已经取得了令人十分满意的效果。如果你走路的姿势不好看，或是无精打采，在大镜子前练习，将有神奇的效果，镜子向你显示别人所看到的你的模样，你可以对着镜子改进姿势，将自己塑造成任何符合审美标准的模样。

俗话说，扮演什么角色，就成为什么角色，对着镜子扮演是很有效的做法，不要掺杂虚荣，不要矫揉造作，而是要塑造自己，成为向往的那种人。世界上一些最杰出的人就是借助镜子技巧，来提高自信心，扩大自己在人群中的影响的。

4.挣脱潜意识里无形的枷锁

生活中，有一些人不够自信，原因在于他们的潜意识里有一个无形的枷锁在束缚着他们，不敢左冲右突挣脱束缚，追寻属于自己的幸福和快乐。

有这样一个关于大象的故事，讲的就是如果摆脱不了潜意识里虚设的枷锁，那么即使是一根小小的铁链也能把千斤的大象困住。

一个小孩在看完马戏团精彩的表演后，随着父亲到帐篷外面拿干草喂刚刚表演完的动物。

这时候小孩注意到有几只大象，问父亲："爸爸，大象那么有力气，为什么脚上只系着一条小小的铁链，难道它真的无法挣开那条铁链吗？"

父亲笑了笑，解释道："没错，大象是挣不开那条细细的铁链。在大象还小的时候，驯兽师就是用同样的铁链来系住小象，那时候的小象，力气还不够大，小象起初也想挣开铁链的束缚，可是试过很多次之后，知道自己的力气不足以挣开铁链，也就放弃了挣脱的念头。等小象长成大象后，它还甘心受那条铁链的限制。"

当你在镜子前站好，就反复对自己说："你会获得巨大成功，世界没有任何东西能够阻止。"这么做听起来是否可笑？然而不要忘记，任何渗入潜意识的设想，都会在生活中成为现实。

正当父亲解说之际，马戏团里失火了，草料、帐篷等物品都被烧着了，大火迅速蔓延到了动物的休息区。其中一只大象已被火烧到，疼痛之余，它猛然一抬脚，竟轻易将脚上铁链挣断，于是迅速奔逃到安全的地带。有一两只大象见同伴挣断铁链逃脱，立刻也模仿它的动作，用力挣断铁链。但其他的大象却不肯去尝试，只顾不断地焦急地转圈跺脚，最后被大火席卷。

在大象成长的过程中，人类用一条铁链限制了它，即使那样的铁链根本系不住有力的大象，但大象却从未想到过挣脱。这就是人们在大象的心里加了一把枷锁的缘故。而在我们成长的过程中，是否也有肉眼看不见的链条系住了我们？而在不知不觉中，我们也就自然将这些铁链当成习惯，视为理所当然。于我们向环境低头，甚至于开始认命，对很多新事物都没有信心。

生活中，不乏这样的人。他们总在想："不可能的，我学历低，又没有工作经验，没有公司会录用我的。""我长得不好看，也没有个性，不可能吸引众人的目光。""我已经不再年轻了，是跑不过那个年轻人的。"这些消极暗示，不停地输入潜意识，时间一长，潜意识就信以为真，于是就把自己限制在了一个牢不可破的笼子里，使他无法施展自己的才能，更不用说成功了。

有一个性格内向的年轻人要参加舞会。他觉得在那么多人面前，自己一定会害羞，于是非常担心，忐忑不安。事实上，他看起来真的是一副很害羞的样子。

他越担心，表现得就越糟糕，他也就愈加认定了自己是个害羞的人。他想改变一下这种状况，于是就想："我是不是应该结识一下身边的人，或许我应该主动跟他们打个招呼。"正当他打算行动的时候，他潜意识里的枷锁发挥作用了，"不，我做不到！"他马上又问自己，"为什么我做不到？""哦，原来自己性格内向，是个害羞的人！"他找到了答案，也就更加确信自己是个害羞的人了。

只有挣脱潜意识里无形的枷锁，才能让自己更加自信，把原先认为不可能的事变成可能。如果在做事之前，告诉自己"这件事不可能完成"，结果常常是真的不能完成，于是你会更加确信自己一开始的判断是正确的。长此以往，潜意识里的枷锁更加牢不可破，即使能轻易做到的事也就变成做不到的事了。

有许多人都不够自信，因而不能正确看待自己，以为能力有限，做不成什么大事。然而，我们所谓的"以为"根本不是真正的了解，而只是对一种不正确的的成见信以为真。这是我们获取杰出成就的巨大障碍。

谁也不能否认，我们每个人都是一个奇特的世界，都是一个奇妙的精灵，每个人的潜意识都有无穷的精神储备。以自己为明灯，以自己为动力，是人生进程中最可靠的亮光和最持久、生生不息的动力源泉。

人是自己命运的主人。人之所以可以做主，能够驾驭环境，自主成败，是因为他可以运用潜意识的力量。

为此，我们应不断向潜意识输入积极正面的信息，大胆告诉自己："我能行，我一定能行！"当你想做一件事情的时候，要想着"我将要成功""我是一个胜利

139

谁也不能否认，我们每个人都是一个奇特的世界，都是一个奇妙的精灵，每个人的潜意识都有无穷的精神储备。以自己为明灯，以自己为动力，是人生进程中最可靠的亮光和最持久、生生不息的动力源泉。

者"。把这些信息不断重复，潜意识就会接受，并寻找一切能助你成功的方法。

5.把心底的自卑扫进垃圾筐

自卑的意思是低估自己的能力，觉得自己各方面不如人。表现为对自己的能力、品质评价过低，同时可伴有一些特殊的情绪出现，诸如害羞、不安、内疚、忧郁、失望等。

一个好端端的人，为什么会自卑，会自轻自贱呢？心理学家的研究表明，儿童时期如果各项活动取得优秀成绩而得到老师、家长及同伴的认可、支持和赞许，潜意识里就沉淀了很多积极信息，便会增强他们的自信心、求知欲。相反，如果得不到老师、家长的肯定，或者因为某种挫折和缺陷而常遭人否定，这些消极信息也会在潜意识里沉淀下来，从而形成自卑感。

失败或受伤经验是另一个原因。当这个失败或经验一旦沉淀到潜意识中的时候，就会在日常生活中受到潜意识的负面影响。久而久之，自己也不知道为什么自己会变成一个如此自卑、害羞、内向的人。

家庭经济因素也是一个重要原因。有些人由于出身贫寒，生活困难，与别人相比觉得自己家庭经济条件实在太差而感到自卑。

据观察，自卑心理在儿童身上并不十分明显，而在青少年当中却相当普遍。这是因为，进入青春期以后，人的自我意识发展得很快，青少年开始独立地观察、分析社会，用自己的观点评价他人，也极其重视他人对自己的评价，非常关心"我"在别人心目中的形象。青少年开始重新审视自己，用挑剔的眼光寻找自己的不足，并常常将其夸大。每个人都在自己心目中塑造了一个理想的、完美的自我形象，越是希望向"他"靠拢，越是发现理想与现实的差距，于是暗自滋生不满、失望和悲观。同时，如果儿童时代曾有过消极的信息输入潜意识，这时会愈加强烈地浮现出来，一并作用而加剧了自卑。这其实就是潜意识在影响人的显意识，只是人并没有意识到被潜意识影响而已！人在日常生活中随着经验的积累沉淀，潜意识也就逐渐增多。

长期被自卑情绪笼罩的人，一方面感到自己处处不如人，一方面又害怕别人瞧不起自己，逐渐形成了敏感多疑、多愁善感、胆小孤僻等不良的个性特征。自卑使他们不敢主动与人交往，不敢在公共场合发言，消极应付工作和学习，不思进取。因为自认是弱者，所以无意争取成功，只是被动服从并尽力逃避责任。自卑不仅会使心理活动失去平衡，而且也会引起人的生理变化，最敏感的是对心血管系统和消化系统产生不良影响。生理上的变化反过来又影响心理变化，加重人的自卑心理。

所以，我们必须把心底的自卑扫进垃圾筐，领略生活的成功和乐趣。

（1）警惕消极用语

你是不是经常使用一些消极性的自我描述用语？如"我就是这样""我天生如此""我不行""我没希望"

141

解读身体语言对于我们最直接的好处就是可以看出他人内心最真实的想法，可以更加清晰地知道对方的真实目的和意图。

"我会失败"等。如果总是把这些消极用语挂在嘴边，潜意识就会接受它们，并认为这是事实。这会使你更加自卑。把这些句子改成"我以前曾经是这样""我一定要做出改变""我能行""我要试试""这次会成功的"，并且要经常对自己说或写下来贴在你房间的床头和书桌上。

需要注意的是，潜意识不去区分"你""我""他"，在宇宙的智慧中"你""我""他"是三位一体的，潜意识当然不必再加以区分，有句古语讲到"自己的嘴巴离自己的耳朵最近"，这句话其实是从侧面理解了潜意识的这条原理。由于三位是一体的，所以一句话无论你是说：我很棒，还是说你很棒或是他很棒，对你的潜意识来说，都是接收到了正面积极的信息，同样道理，当你说"他很差""你很差"或"我很差"，潜意识就都是接收到负面消极的信息。前人告诉我们不要去论断人，说的也是这个道理。**我们对自己和对他人都应该多用积极正面的词汇语句，给予别人更多的鼓励就是在鼓励自己。**

好好的理解这一点，不仅有助于信心的提升，也有助于正确地与人相处，你的人际关系会变得正面融洽，你在鼓励别人、帮助别人的同时，会得到更多的支持，从而形成良性循环。

（2）客观全面地看待事物

具有自卑心理的人，总是过多地看重自己不好的一面，而看不到好的一面。这就要求我们努力提高自己，透过现象认识自卑本质，客观地分析对自己有利和不利的因素，尤其要看到自己的长处和潜力，而不是妄自嗟叹、妄自菲薄。这样，我们的潜意识才能接收到更多的积极信息。

（3）积极弥补自身的不足

有自卑心理的人大都比较敏感，容易接受外界的消极暗示，从而使潜意识接收了更多的消极信息，让人愈发自卑。而如果能正确对待自身缺点，把压力变动力，奋发向上，就会取得一定的成绩和成功，从而增强自信、摆脱自卑。

（4）用行动证明自己的能力与价值

你可以先选择一件自己最有把握也有意义的事情去做，做成之后，再去找一个目标。这样，每一次成功都将强化你的自信心，弱化你的自卑感，一连串的成功则会使你的自信心趋于巩固。

（5）转移注意力

不要老关注自己的弱项和失败，而应将注意力和精力转移到自己最感兴趣，也最擅长的事情上去，从中获得的乐趣与成就感将强化你的自信，驱散潜意识里的自卑，从而缓解你的心理压力和紧张。

（6）坦然面对挫折

遭受挫折与失败的时候，不怨天尤人，也不轻视自我，要客观地分析环境与自身条件，这样才可以找到心理平衡，才可以发现人生处处是机会。

（7）利用微笑鼓舞勇气

笑是自信和胜利的表现。运动场上的胜利者，常常面带笑容，这就是因为他这时陶醉在优越感里。如果你能积极利用这种笑的效果，则可医治因自卑而产生的悲观和心理的紧张，甚至可将绝望感吹得无影无踪。

许多人在恐惧和自卑的时候，从未试图微笑过。他们会说："是的，但我觉得畏惧、郁闷时，我怎么笑得起来？"

我们对自己和对他人都应该多用积极正面的词汇语句，给予别人更多的鼓励就是在鼓励自己。

当然，如果不想笑，你自然笑不起来的。在那种情况下，谁也马上笑不起来。诀窍在于有力地告诉自己："我准备笑。"然后，笑。

你也可以利用外界的刺激来引发自己笑，以使自己恢复优越感或自信心。比如阅读幽默小说或漫画。

（8）走路挺胸抬头

人的姿势与步伐是和人的内心体验有密切关系的。经常挺胸抬头，走路步伐有力，速度稍快，有助于增强信心。那些走路时垂头丧气的人，即便他的生活空间里万里晴空，他也仿佛生活在暗无天日的环境中；而那些昂首挺胸的人总是自信满满、永不服输，也许他正在遭遇人生的起伏跌宕，但自信会带领他走向阳光明媚的一天。

（9）加强社会交往

多参与社会交往，可以感受他人的喜、怒、哀、乐，丰富生活体验；通过交往，可以抒发被压抑的情感，增强勇气，走出自卑的泥潭；通过交往，可以增进相互间的友谊、情感，使自己的心情变得开朗，自信心得到恢复。

6.挑战害怕的事，害怕就会消失

轻轻碰一下含羞草，你会看到它的叶子会迅速卷起来，这是植物经过几百万年进化来的保护自己免受伤害的反应。我们的祖先在看到野兽时，为了躲避危险就会隐藏在石头后面。这是我们人类习得的"自我保护的反应"。而这种保护反应一旦过度表现，或是表现在不应当表现的地方就成为行为障碍。

比如说："我们的祖先遇到野兽时、今天我们横穿马路时，都会感到紧张害怕，这是有益的反应——因为古人早已懂得征服危险不如躲避危险。但是，假如我们是在家里、公园里休息，或开车行驶在公路上，这时也感到紧张害怕，那这种反应就是过分的、有害的，是不合理性的恐惧。

如果这种"自我保护性反应"由于我们小时候受到父母的痛责而被加强、泛化，就会让我们逐步"学会"不敢轻易说话，在众人面前感到不自在。这样的反应是早期形成的潜意识的外在表现。

不合理性的恐惧令我们不能客观地评价自己，令我们回避现实，放弃尝试，使我们过早地放弃了拼搏，禁锢着我们的活力和能力。

当你害怕某事时，并不能说明你缺少这方面的能力，只是说明你缺少解决这件事的经验。也许你有这方面的才能，只是由于害怕，而发挥不出来。德谟西尼是古希腊的伟大演说家，可谁曾想他小时候竟是一个结巴。他在海边口含石子练习演说，十年如一日，终于练就了非凡的演讲本领。如果他第一次上台讲话受人嘲笑后，便远离讲坛，他的演讲才能可能永远被埋没。

19世纪伟大的哲学家和诗人爱默生曾说过："做你怕做的事情，恐惧就肯定会消失。"**当你积极主动地宣称要战胜恐惧时，心中下定了的决心就会释放你潜意识的能量，潜意识会对你所想的做出回应。**

145

潜意识喜欢接受指令，不喜欢接收恳求。不明白潜意识的原理就会带给大家很多困惑。所以自我暗示时不要总是用请求的词汇，而要用强有力的词汇来指令和肯定。

因为当你勇敢的跨出那一步，你之前的害怕心理就会消失，尽管可能第一次、第二次都会遇到很多不顺利甚至是挫败，但是只要你跨越了那道障碍，你就有可能获得成功；而如果你待在原地什么都不做，那你注定一无所获，也就不可能会成长。

世上最秘而不宣的体验是，战胜恐惧后迎来的是某种安全有益的东西。哪怕克服的是小小的恐惧，也会增强你对创造自己生活能力的信心。如果一味想避开恐惧，它们会像疯狗一样对你穷追不舍。当你敢于迎上去，就会觉得并没有什么，也没有你原先想象的那么可怕。

怕了一辈子鬼的人，一辈子也没见过鬼，恐惧是自己吓唬自己。世上没有什么事能真正让人恐惧，恐惧只不过是人心中的一道无形障碍罢了。不少人碰到棘手的问题时，就设想出许多莫须有的困难，这自然就产生了恐惧感。遇事你只要大着胆子去干，就会发现事情并没有自己想象的那么可怕。

有人将一只饥饿的鳄鱼和一些小鱼放在水族箱的两端，中间用透明玻璃板隔开。刚开始，鳄鱼毫不犹豫地向小鱼扑过去，它失败了，但它毫不气馁，接着又使劲向小鱼扑过去，不但没有咬到小鱼，反而头部受了重伤。食鱼的欲望促使它发动了第三次、第四次进攻……多次的进攻都失败了，它便失去了信心，不再进攻了。这个时候再将玻璃挡板拿开，可是鳄鱼仍一动不动，它只是无望地看着那些小鱼在它的眼皮底下悠闲地游来游去，放弃了所有的努力，最后活活地饿死了。

被称为高级动物的人，也同样会重复鳄鱼所犯的错误。人在自己的一生中，竭尽全力地企图避开那些妨碍自己前进的事物，而这些障碍却常常顽固地存留在我们自己的潜意识中，并且其中有不少是我们自己所想象的产物。有时候，我们不敢学外语、不敢学小提琴、不敢下水学游泳、不敢上台讲演，明知这件事不对也不敢说个"不"字，等等。这种种不敢，其实都是我们自己给自己设下的无形障碍罢了！也正是这些无中生有的无形障碍，使我们裹足不前，错过了许多我们本来应该去做，而且能够做好的事。

我们每个人也许都有过这样的体会，小时候刚学会走路，一次又一次地跌倒，但一次又一次地爬起来，最终学会了走路。可是渐渐长大了，无所畏惧的精神受到外界的影响，常常认为别人对自己的评价比自己对自己的评价更为重要。如果做错点事，父母老师或亲朋好友会劝告说："做事要谨慎小心。""不要做没把握的事情。""你没这个金刚钻，就别揽那个瓷器活！"这些人虽然出于好心，但你如果相信了这些话，这时候你的潜意识就会发出命令，阻止你去碰眼前的这些事。

一个人遇上害怕的事，要敢于试一试。每当自己想回避你害怕做的事时，你还可以问问自己："如果我真的去试一下，谁选择谁受益？试这些怕做的事，最坏的结果会是怎样？

事实上，最坏的结果，往往不会比你想象的更可怕。如果我们敢于做自己害怕的事，害怕就必然消失。

萧伯纳年轻时，胆子很小，不敢大声讲话，更不敢在公开场合发言，每当要敲别人的门时，至少要在门外徘徊

147

当你积极主动地宣称要战胜恐惧时，心中下定了的决心就会释放你潜意识的能量，潜意识会对你所想的做出回应。

20分钟，才硬着头皮去冒那个"险"。他说："很少有人像我那样深受害羞和胆怯之苦。"后来，他下决心要变弱为强，从试一试开始，于是参加了辩论协会，出席伦敦各种公开讨论会，逮住机会就发言，终于跨越了自己的无形障碍，成为20世纪最有自信和最杰出的讲演者之一。

丘吉尔曾说："**一个人绝对不可以在遇到危险的威胁时，背过身去试图逃避。若是这样做，危险只会加倍。但是如果立刻面对它毫不退缩，危险就会减半。决不要逃避任何事情，决不！**"

如果你想拥有自信，想让自己变得无所畏惧，那就从现在开始，把你害怕做的事，一项一项排排队，写在日记里，由易到难订个跨越计划。然后从第一件害怕做的事做起，直到不再惧怕为止。这样每完成一项，你就解去一根捆绑自己心灵的绳索，擦去潜意识中一个"我不敢"的想法。

7.用"替代法则"战胜恐惧

对潜意识来说，建设性的思想和破坏性的恐惧是没有什么两样的。我们传输给潜意识的资料，它都照单全收，依旨行事。不论是信心，还是恐惧，潜意识都随时接收，再转化为事实。

恐惧是潜意识里的消极思想，用建设性的思想来取代它，就能提升你的自信心。

替代法则是战胜恐惧的绝佳武器。不管你怕什么，你都能在你所渴盼的事物中找到解决方法。

假设你害怕游泳，那么，每天静坐三次或四次，每次五分钟到十分钟。静坐时，让你自己进入完全放松的状态。然后设想，你正在游泳。主观上讲，你确实是在游泳。你在心理上让自己进入到水中去了。你能感受到水的清凉，能感受到你四肢的动作。在你脑海中，这一切都很真实、很生动。

这并不是慵懒的白日梦，而是替代法则的运用。你想象出的这些经历会在你的潜意识中替代掉原来的恐惧。你的潜意识一旦接受，就会促使你去实现心中的想象和画面。当你再次尝试游泳的时候，你心中便会充满快乐。这就是潜意识的规律。

你也可以用同样的方法来克服自己怕这怕那的心理。如果你有恐高症，那就想象着你在高山上漫步。要感受到这一切的真实性，想象自己正呼吸着清新的空气，欣赏着高山上的花朵，观赏着美丽的风光，心旷神怡。坚持在心中想象这些情景，你下一次就会真正地享受到这种感觉。

乔纳森是一家大公司的经理。很多年来，他都害怕坐电梯。每天早晨上班的时候，他宁愿从楼梯爬上七楼的办公室。如果他需要见别的公司的人，而那些人的办公室又在很高的楼层上的话，他总是找理由让对方到自己的办公室来，或到饭店去谈生意。而出差对他来说简直就是一种折磨，他每次都得提前给旅馆打电话，确保他的房间在低

149

一个人绝对不可以在遇到危险的威胁时，背过身去试图逃避。若是这样做，危险只会加倍。但是如果立刻面对它毫不退缩，危险就会减半。决不要逃避任何事情，决不！

一点的楼层上，让他可以爬楼梯上楼。

这种恐惧是由他的潜意识造成的，或许因为他曾有过什么不愉快的经历，但现在已经忘了。当他知道到这一点时，他就运用了替代法则改善这一情况。他每天都做几次关于电梯的想象和暗示。在镇静自信的情绪中，他这样想：在我们公司里安装电梯是再好不过的设计了，对我们所有员工来说都是一个恩典，它提供了很棒的服务。乘坐电梯时，我感到安全和快乐。现在，生命的河流，爱和理解之河流正在我身上流淌，我依旧保持着沉默安静。现在我正在乘坐电梯，我已步出电梯走进了办公室。电梯里都是我的职员，他们都很友好，很快乐，我们自由地交谈着。这种感觉真好，我感到了轻松和自信，我感谢电梯。

他这样想象了10天。第11天，他跟公司的其他员工一起步入了电梯，他心里不再害怕了，非常轻松。

潜意识很容易受到想象和暗示的影响。当你放松心情，让心里安静下来的时候，你的想象和暗示就会渗透到你的潜意识中去。这与自然界的渗透原理是一样的，被有孔的薄膜分开的液体可以通过渗透混合到一起。当这些积极的思想渗透到你的潜意识里时，他们会犹如种子一般发芽结果，你会因此变得镇静下来。

当你异常恐惧时，请用你所渴求的事情替代它，沉浸在对你所渴求的场景的想象中。要相信，这种做法会给你自信，令你振奋。你潜意识中的无限智能一直在跟着你前进，它不会令你失望的，你一定会得到安宁和信心。

"替代法则"不仅可以战胜恐惧，也可以改变其他的消极潜意识。

科学家研究发现：我们的潜意识只能在同一时间内主导一种感觉，用一个积极正面的思想反复地灌输给大脑中的潜意识，原来的思想就会慢慢地衰弱、萎缩，新的思想就会占上风。

8.不断给自己鼓气会越来越自信

人生的一个个难关就像是老师对我们的提问，很多人过不了难关，是因为他们潜意识不够自信，首先过不了自己这一关。他们怕回答错误、怕动脑筋、怕别人笑话，才不敢面对人生的提问，勇敢地高举起自己的手。

当你异常恐惧时，请用你所渴求的事情替代它，沉浸在对你所渴求的场景的想象中。要相信，这种做法会给你自信，令你振奋。

有位极具智慧的心理学家，在他的小女儿第一天上学之前，教给她一项诀窍，足令她在学习生活中无往不利。这位心理学家送女儿到学校门口，在女儿进校门之前，告诉她，在学校里要多举手，尤其在想上厕所时，更是特别重要。

小女孩真的遵照父亲的叮咛，不只在上厕所时记得举手，老师发问时，她也总是第一位举手的学生。不论老师所说的、所问的她是否了解，或是否能够回答，她总是举手。

随着日子一天天过去，老师对这个不断举手的小女孩，自然而然印象极为深刻。不论她举手发问，或是举手回答问题，老师总是优先让她开口。而因为累积了许多这种不为人所注意的优先举手发言机会，竟然令小女孩在学习的进度上，以及自我肯定的表现上，甚至于许多其他方面的成长，大大超越其他同学。

多多举手，正是心理学家教给女儿在学习中无往不胜的利器。这使她在不断地重复中拥有了积极主动的潜意识，从而形成了良性循环。

成功者是积极主动的，失败者则是消极被动的。**成功者常挂在嘴边的一句话是：有什么我能帮忙的吗？而失败者的口头禅则是：那又不关我的事**。凡事多举手，多去协助别人，成功的路程将在此展开。

绝大多数人之所以无所成就、默默无闻，之所以只能在人生的舞台上扮演无足轻重的次要角色——包括那些懒惰闲散者、好逸恶劳者、平庸无奇者——最重要的原因之一就在于他们缺乏"想发言，敢举手"的信心和勇气。

日本有一所"鼓气学校"，教导学生如何获取积极主动的人生态度。

学员们按照学校的要求，在身上挂满了自己的理想和下一阶段的奋斗目标的纸牌。他们每天吟诵不已，以激励斗志，改换精神面貌。上课时则轮流复述自己的梦想，并在最后用力喊道："我一定要实现!"这种激烈的方式会以强大的冲击力唤醒一个人的潜意识。据说从"鼓气学校"出来的人，大多表现了排山倒海的信心和顽强拼搏的意志，从而获得了事业的成功。

如果我们多给自己鼓气，潜意识就会接受，从而调动一切因素使你变强大。许多运动员就是用这个方法不断地去提高自己的运动水平的。记者曾经问美国篮球明星考伯·布朗特："您怎样看待今晚的比赛？""一场战争即将爆发。"他回答时眼中闪烁着光芒。

有一位老太太已经70岁了，她在回顾自己的人生时，发现自己最大的遗憾就是没有登上日本的富士山观赏烂漫樱花。她对自己说：反正也是快入土的人了，倒不如努力试试，说不准我还真能如愿呢。于是她便在70岁时开始学习登山技术。她周围的人对此无不加以劝阻，认为这无非是一个没有实现的梦想罢了，而且也绝对不可能再实现了。老太太不顾任何劝阻，毅然进行艰苦的登山训练。

随着训练的进行，老太太登富士山的愿望越加坚定，逐渐成为她心中最为神圣的梦想。她不辞辛苦地进行训练，对富士山发起一次次的冲锋，但都以失败而告终。老太太依然毫不畏缩，因为，任何困难都已吓不住她了。终于，在95岁高龄时，老太太登上了富士山，打破了攀登此山峰年龄最高的纪录。那一刻她对着大山说："我来了!"

这位老太太叫胡达·克鲁斯。

从克鲁斯老太太在95岁高龄登上富士山这个事例里，我们不难发现收到积极信息的潜意识所产生的力量有多么巨大。

我们的能力只有在行动中才能发挥出来。那些取得杰出成就的人面对人生的高山，会勇敢地举手发言，因此，

153

成功者常挂在嘴边的一句话是：有什么我能帮忙的吗？而失败者的口头禅则是：那又不关我的事。

他们有了一个展示自己成功的舞台，能够更自如地发挥出自己的最高水平，实现心中的梦想。

志在成功的人，每天都会给自己打气加油，说：

"我是真正具有才干的人。"

"我努力的目标就是要成为大人物。"

"我知道我具有成就天下第一等事业的本领。"

"我相信我会幸福、进步、繁荣。"

"我是积极的行动者。"

"全力集中在工作上。"

"我的外表不错。"

"昨天的我非常伟大，今天会更不同凡响。"

如果你能够每天一有空闲就自我肯定一番，这些话就被潜意识所接受，沉睡的机能就会清醒过来，发挥它强大的力量，使你的自信心达到一个新的高度，成就你梦寐以求的人生理想。

9.打造全新的"自我心像"

自我心像是人的潜意识中对自我的描述，是对"我是谁"的认识。也就是说，每个人都会从不同的方面对自己有一个认定，如智力方面"聪慧与愚蠢"，性格方面"坚强与懦弱"，办事方面"果断与畏缩"，事业方面"成功与失败"，容貌方面"美丽与丑陋"等，由无数的信条组成了一个决定人的行为的"自动导航系统"，指引着自己前进的方向。

自我心像掌控了人的基本生活。你有什么样的自我心像，就会成为一个什么样的人。

如果你的自我心像是一个不思进取的人，你就会在自己内心深处的那块屏幕上，经常看到一个无所作为、不受人重视的平庸小人物。而且，遇到困难时你会对自己说没有能力，在生活和工作中，你就会感到自卑、沮丧、无力。

如果你的自我心像是一个多才多艺者，你就会在自己内心深处的屏幕上，经常看到一个办事利索、受人尊重、进取向上的自我形象。这样，在任何情况下，你都会对自己说："我能干好。"在工作中，你就会有自尊、愉快、好胜等良好的心态，从而在工作中取得成绩。

同样的外界刺激，由于自我心像的不同，反应就不同，导致结果不同。而结果又会反过来影响自我心像，不断地重复循环。这就是很多缺乏自信的人一直没法改善境况，一直陷入漩涡的原因。

155

自我心像不是天生的，而是在长期的生活实践中受到环境潜移默化的熏陶，不断地进行自我暗示和对话中被设定出来的。

有一个年轻的话剧演员，他来自农村，家境困难，而在戏剧学院上学时，每次排演他总是扮演一些小配角，这让他很沮丧，他认定自己是个没用的人，很难有好前途。

有一次，他的老朋友来学校看他，听完了他的苦恼后，朋友大笑起来："糊涂啊！你的外形不错，表演功底也很扎实，就是因为总是否定自己，你才会越来越沮丧！下次再登台时你就对自己说'我很出色'，我保证你会演的很好!"

年轻人听从了朋友的劝导,他的表演一次比一次出色,一次比一次优秀,最后他竟然成了毕业大戏的主角,以第一名的成绩从戏剧学院毕业。

自我心像如何,是能否取得成功的基础。一个人觉得自己是个聪明的人,就不会在难题面前轻易罢休;一个人觉得自己将一事无成,就不会再向更高的目标努力。

自我心像不是天生的,而是在长期的生活实践中受到环境潜移默化的熏陶,不断地进行自我暗示和对话中被设定出来的。

对于许多人来说,有无良好的自我心像,有无自信心,首先取决于父辈是否有良好的自我心像。没有良好自我心像的父母,很难培养出自信的孩子。

我们知道,人的思想,在15岁左右成熟,15岁以前,思想处于形成阶段,又以0~3岁其间最为重要。这一阶段,环境影响思想,而且这个年龄的人,没办法选择自己所处的环境。所以,这段时间,选择权在父母,这就是教育的重要性。孟母三迁就是很好的例子。

15岁以后,思想决定环境,也就是说,你接收什么样的信息,取决于你的思想。这以后,要改变生活的结果,就只有改变思想,也就是改变自我心像。

自我心像形成过程的特点:长期、自然、轻松。

所谓长期,就是说,自我心像,从思想形成的那一刻就开始形成,一直到现在,当下这一刻。你听到的每一句话,经历的每一件事,都对自我心像有影响。

自然,就是不强迫,不勉强。就是你是愿意接受的,才能沉淀下来。这也就是潜意识的防御机制。

轻松就是没有压力，就是在你放松的状态下，容易形成。

所以，要改变自我心像，也要符合这三个特点。我们可以采取以下方法：

描绘清晰的图像：用文字，详细描绘出你想要的自我心像，用正面肯定的语言。

放松：让自己的身心都放松。

观想：自然地把你描绘的图像引到大脑。

行动配合：记得平常每日生活中，牢记你观想的画面。依照它采取行动。

反复练习：以上四个环节，坚持21天以上。

以上方法，只要能够坚持，一定会对打造出全新的"自我心像"有很好的效果。只是很多人都没有坚持下来。

当你取得一定成绩时，良好的自我心像最容易形成。这时候要抓住机会强化它，向潜意识输入更多的积极信息。

打造自我心像的原则是：在真实自我的基础上，最好稍微高一些。高一些的自我心像会使你信心更强，制订的目标更远大，把你的潜力更多地挖掘出来。 但过于高大的自我心像也有不利的一面。对自己评价过高，不仅会影响客观地设计进取目标，还会破坏人际关系，给自己走向成功的道路设置许多障碍。良好的自我心像是对自身客观准

157

打造自我心像的原则是：在真实自我的基础上，最好稍微高一些。高一些的自我心像会使你信心更强，制订的目标更远大，把你的潜力更多地挖掘出来。

确的评估，因此我们一定要努力认清客观真实的自己，让良好的自我心像指引我们走向成功。

10.用积极的暗示提升自信

我们从小就接受谦虚是美德的教育，这点本身没有错，可惜的是很多人因此经常有意无意地暗示自己"我不行"，这种消极的信息融入潜意识，就会摧毁我们的一切；而如果我们敢于说"我能行"等进行积极的暗示，则可以调动起我们积极的潜意识，使我们踏上冲破人生难关之路。

任何人冲破极限，都需要信心的支撑。人类一直认为要在4分钟内跑完一英里是件不可能的事。但是在1945年，罗杰·班纳斯特就打破了这个极限。他之所以能创造这项佳绩，一是得益于体能上的苦练，二是归功于精神的突破。在此之前，他曾反复告诉自己：我一定会在4分钟内跑完一英里！同时，他还在脑海里多次模拟4分钟跑完一英里，长久的暗示和想象，使他形成了必然达到目标的潜意识，因而潜意识犹如对神经系统下了一道绝对命令，必须完成这项使命，他果然做到了大家都认为不可能的事。

一位名人曾说过："一切的成就，一切的财富，都始于一个意念。"通俗地理解这句话，就是告诉我们：进行什么样的自我暗示，就决定了一个什么样的人。

　　罗森塔尔教授是美国著名的心理学家。一天，他来到一所普通的中学，走进了一个普通的班级，随便在学生名单上挑选了几个名字，然后找来他们的老师和父母，说："经过我的观察和测试，这几个学生的智商很高，你们要好好教育他们。"然后，他又对这几个学生说："其实你们很聪明，你们不知道吗？"说完，给了他们一个肯定的微笑。

　　几个月后，罗森塔尔教授再次来到这所学校，走进那个普通的班级，发现被自己选中的几个学生已经成为了学校的优秀人物。就在老师夸赞教授有眼光时，教授却说："你们错了，这几个学生是我随便选出来的。实际上，我并不知道他们的智商有多高。"面对满脸疑惑的老师，教授解释说："正是因为我告诉你们他们很聪明，所以你们把他们当聪明人看，而他们自己也会把自己当聪明人看。正是这些积极的自我暗示才出现了这样的结果。"

　　人们都知道自信很重要，但却不知道自信就是经常进行"积极的自我暗示"的结果。而自卑与消沉则来自于消极的自我暗示。因而，坚持进行积极的自我暗示是拥有自信、走向成功的最简单也是最重要的方法。

　　积极的暗示经由一个人自然的联想，会带来强大的正面能量，消极的暗示则会消耗一个人的能量。聪明的广告人对这点就比较有体会，比如"减肥"这个词，现在很多广告词和商品名称都不用了，大都改用"瘦身"了，为什么？就是因为"减肥"会让人联想到"肥胖"，无论前面

159

積极的暗示经由一个人自然的联想，会带来强大的正面能量，消极的暗示则会消耗一个人的能量。

加多少个"减"字；而用"瘦身"感觉就完全不同了，人们更多的是会联想到"瘦""苗条""好身材"。"轻松"会让人感受到放松的效果，"释放压力"却会让人联想到压力；"成功"会让人联想到事业有成幸福快乐，"永不言败"却先让人想到了失败。

在学习自我暗示时，需要牢记以下的六大原则，这个原则不能放弃，而且必须要把握和坚持。

第一，暗示语言要简洁有力，因为潜意识不懂逻辑，所以你给自己制定的暗示语言要简单明了。例如"我会起来越能干"。

第二，要使用积极的语言，而不要用消极，否定的词语。

第三，设定可行的目标。如果你设置的目标距离你现在的能力状态太远会使你产生畏惧的心理，所以你的目标一定要有"可行性"，以免你的显意识与潜意识产生矛盾。

第四，要设想清晰的暗示背景。在你默诵或朗读自己定下的暗示语句时，你要在脑海里清晰地看到自己变成理想中的那个人。

第五，要用心投入。当你默诵你的暗示语言时，要把感情灌注进去，你的潜意识需要你依靠你的思想和感受来协调。

第六，要坚持不懈，不断重复。刺激潜意识只有一次是不够的，需要不断重复并形成稳定的习惯。

需要注意的是，**潜意识喜欢接受指令，不喜欢接收恳求。不明白潜意识的原理就会带给大家很多困惑。所以自我暗示时不要总是用请求的词汇，而要用强有力的词汇来指令和肯定。**我们的心灵就是下达命令的将军，而潜意识只不过是听命于主人命令的士兵和仆从罢了。

当我们的意识转化为潜意识时，就会在大脑皮层留下生理的印记，产生无限的智能和联想，以及附属的一系列的连锁反应，心理的，行为的。当它的工作开始时，同样会写下我们的人生日志，一旦潜意识接受了某种强烈的观念，它就会立刻开始实践。这就是它的工作规律，不会受到外界因素的过多干扰，它只听从召唤。

在命令的主导下，它会调动无穷的生命潜力和圆满的智慧，运用我们过去学习到的全部知识和智慧，去帮助我们实现目标。

自信是可以通过使用强有力的词汇进行暗示来改善的。对自己不敢使用强有力的词汇，长期用消极的词汇消耗自身的能量，是大多数人之所以缺乏信心和无法取得成功的最主要原因之一。

11.把自信内化到潜意识中

自信，其本质就是相信自己面对一种情境时，能很快达成一种极佳心理状态。这种心理状态源于我们曾经的成功经历。比如正常人拿一瓶水走100米路，不用思索就可以做到，这就是一种内化到了潜意识的自信；拿一箱水走1000米，某些人就要想一想才相信自己可以做到，这就是一种意识上的自信；当要拿一箱水走10000米时，对很多人来说就开始不相信自己能做到了，这时只有那些对自己身体状况很自豪，对目标有很强欲望的人才会有这种

161

绝大多数沦落为乞丐的人自我价值都会很低，因为他看到的都是自己的不足和缺憾，自信满满的人一定是会看到自己身上的很多的闪光点。

自信达成。

由此我们可以将自信的层级分为"潜意识自信"、"意识自信"和"意志力自信"三种；而最基础的就是潜意识自信与意识自信，这两者是我们产生意志力自信的基础。我们真正的自信就从上述两种自信开始培养，不断地实现"意志力自信"→"意识自信"→"潜意识自信"的转化，从而累积出我们极大的自信。

为了实现这种自信不断增多与加强的循环，把自信内化到潜意识中，我们可以从自信的心态加上大量的行动开始做起。

比如说做菜，当我们做一个从没有有做过的菜，第一次做熟了，能吃，就应该给自己一个肯定，我做熟了；当第二次，做的味道比第一次感觉好了，也要给自己一个肯定，我快会做这个菜了；当第三次，做出了大家都还接受的味道时，更要给自己一个肯定，我学会了做这道菜；同样的当我们做了十道不同的菜而达到了大家合适的口味时，要给自己一个大大的肯定，我很会做菜。如此这般，我们就自然地建立了自己会做菜的自信，也有了去尝试做更多菜的动力，然后就实现了自己会做菜的强力自信建立。

把自信内化到潜意识中，关键在于自我价值的累积。其实如果仔细想想，人的一生都在不断地累积自我价值，甚至有些人害怕退休，因为怕自己退休后失去价值。我们不喜欢别人批评自己，因为批评会让我们感受到自我价值的降低。我们渴望被肯定、被欣赏，因为这样会让我们感到自我价值很高。

绝大多数沦落为乞丐的人自我价值都会很低，因为他看到的都是自己的不足和缺憾，自信满满的人一定是会看到自己身上的很多的闪光点。

而对自我价值进行多大程度上的肯定，完全取决于我们是用望远镜还是用墨镜去看黑暗中的星星。当一个结果出现时，我们看到了其中的正面意义而对自我价值进行肯定，同时看到了不足而要下次提升时，我们就在自信与反思提升中达到了平衡，在一次次的改进后，我们就比较好地达成了自己的目标，于是可以对自己多加肯定，这样一种情境的自信就建立了，当这种情境多次出现都达到目标后，这种自信就慢慢由意识自信而转化成了潜意识自信，从而就内化成我们心中真实的自信了。以后，人的行为就会以潜意识中的自信来主导，无论干什么事情都信心十足，不会恐惧，不畏艰难险阻，失败了重新再来，体现出大无畏的精神。

当我们由一个个小肯定而达致一件事的自信，由多件事的自信达致一段人生方面的自信，由多段人生方面的自信从而达致对自己的全面自信时，我们的人生局面将会由我们快速地创造。

"自信"还有一个核心是"自"，这强调的是我们内在的一种心理状态。有时一种情境来了，我们是受压于他人而达致了一个结果，我们心中会有别人比我们看得准、别人比我们强的想法，这都不利于建立自信，有时甚至由于与别人的对比而打击自己的自信。为此，自信的建立有一个很强力的倍增基础，那就是任何目标或行为至少有自己60%的意愿度在里面，这样当达致目标时，才会有助于增强自信，"这是我要的""这是我达到的"，才

163

"自信"还有一个核心是"自"，这强调的是我们内在的一种心理状态。

能更好地产生自信的感觉，反之可能是建立的"他信"，甚至降低了自己的自信。

　　为了我们能真正的自信，从现在开始，让我们将目标与行为至少产生60%以上的自愿度，然后由大量的小事、小实践、小情境做起，那样我们的自信将会逐渐内化到了潜意识中，我们的人生也将走向自信、自尊、自爱的自我价值实现之路。

第6章 借助潜意识规律读懂他人

在生活中，我们必然要与人交往。人是最复杂的动物，多少都会掩饰自己，我们很难了解对方的内心。但人的潜意识很难掩饰，只要我们掌握了潜意识的规律，就能读懂他人，从而有针对性地采取最恰当的交往方式，并避免一些社交上的风险。

1.身体语言是潜意识的真实想法

在现实社会中，我们要想获得生活和事业的成功，就要学会社交，处理好各种各样的人际关系。因为只有人际关系理顺了，我们才能获得更多的支持和帮助，才能远离各种可能发生的隐患。想要拥有良好的人际关系，就需要拥有看穿人心的智慧。

然而，"画龙画虎难画骨，知人知面不知心。"在生活中，在我们的交际圈中可能会有各式各样性格的人。想了解一个人最真实的一面，是非常困难的一件事，因为每个人都可以控制和掩饰自己，所以有时想让一个人显露真实想法是十分艰难的事情。

但是潜意识可以，因为**潜意识是每个人无法克制的，很多时候，当我们想去判断一件事，了解一个人身上什么特质，能帮助我们的，就要通过这个人的潜意识去了解。**

人们在交流中最重要的是用嘴巴，交流的信息其实就是人口中发出的声音，然后再用耳朵接收这些声音，并通过大脑的处理来确定声音的含义。但是不要忘记，不光是我们的嘴巴能说话，我们的身体也能说话，也可以像语言一样表达各种各样的信息。

研究发现，其实人们的每一个动作都是受心理支配的。有些是有意识的，有些是潜意识的。但是不管是多么微小的动作，都不会无缘无故产生，任何一项动作，其中都必然暗含着一定的心理活动。

潜意识理论的提出者、西方心理学的开山鼻祖弗洛伊德曾说过这样一段经典名言："任何人都无法保守他内心的秘密。即使他的嘴巴保持沉默，但他的指尖却在'喋喋不休'，甚至他的每一个毛孔都会背叛他！"

人无意中的身体语言表达的是潜意识里的最真实的想法。人的身体就好像一台发报机，每时每刻都在向外界发射许许多多的信息，发射的这些信息，有一部分是语言，但是更多的是看上去非常平常、细微的动作。一个人的城府再深，也无法完全屏蔽所有的信息，不管他有多么虚伪，也无法完全伪装其真实的面目。

我们知道，潜意识不受意识控制。比如，当人感到恐惧时，腿就会不受意识控制，不由自主地发抖；在撒谎或者感到恐惧时，瞳孔就会变小；在感到兴奋的时候，瞳孔就会变大；在害羞或者紧张的时候，手心就会出汗或脸红。这些现象，都是身体不受人为控制的潜意识信号。

在与一个人交往的过程中，他的言谈话语、举手投足、行为动作等都无时无刻不泄露着其潜意识的信息。所以，只要我们善于观察，潜意识与身体语言的联系，对这些行为进行过滤、综合、评价，就完全可以破译这些身体语言密码，看清楚隐藏在表面下的秘密。

解读身体语言对于我们最直接的好处就是可以看出他人内心最真实的想法，可以更加清晰地知道对方的真实目

167

任何人都无法保守他内心的秘密。即使他的嘴巴保持沉默，但他的指尖却在'喋喋不休'，甚至他的每一个毛孔都会背叛他！

的和意图。

当我们具有一眼看穿人心的本领，就意味着我们可以在瞬息之间，一眼看透周围发生的人与事，看清一个人的真伪，洞察其内心深处潜藏的玄机，以不变应万变，使我们在人生的旅途上左右逢源；具有一眼看穿人心的本领，就可以轻松地洞悉人心，辨人于弹指之间，察其心而知其人，识其言而审其本，把主动权牢牢地掌握在自己的手中，从而让我们的言谈变得得体、举止更为大方、处事更为机敏而自信，能够更洒脱自如地遨游于人生的广阔天地，获得生活和事业的双丰收。

2.眼神中流露出来的潜意识

眼睛一直被誉为心灵的窗户，它能折射出人的心理活动特征，即使隐藏的潜意识都会表现在眼神里。无论生活还是影视剧中，善良的人眼神都充满温和神采，纯净如水；邪恶的人或者反派即使面目没有表情，眼神之中也会流露出阴险狡诈的光芒。

人们在生活中，内心往往并不会那般纯粹，欲望、情感、喜好都会流露在眼神里。要想辨识一个人的想法，了解他的内心世界，应该先从观察眼神开始。

从医学上来看，眼睛在人的五种感觉器官中是最敏锐的，大概占感觉领域的70%以上，因此，被称为"五官之王"。眼睛是心灵的窗户。古代孟子认为，观察人的眼睛，可以知道人的心理活动。他说："存乎人者，莫良于眸子，眸子不能掩其恶，胸中正，则眸子了焉，胸中不正，则眸子眊焉，听其言也观其眸子，人焉廋哉。"这说明，人的心理活动能从无法掩饰的眼神里显示出来。它会毫不掩饰地表露出人的品性、情操、趣味和性格。

如果对方眼神沉静，表明他对于要处理的问题或者对你的所求，早已成竹在胸，稳操胜券。一般情况下，这时可以从他的口中得到良策。但是，如果他城府太深，老谋深算，不想为你解忧，那么你就只好静观其变或者做出一点牺牲了。

如果你向某人求助，他的眼神变得散乱，说明他对你的要求感到猝然，有些不知所措。在思索一阵子之后，他的眼光仍是如此，表明他也是毫无办法，纵然你再着急，也是徒劳无功。这时候，对你来说，上策是平心静气，另想应付办法，不必再向他多问，这只会使他更加六神无主，这时是你显示本能的机会，快快自己去想办法吧！

当对方眼神横射，仿佛有刺的时候，你便可明白他情绪不佳、异常冷淡或者对你心存疑心，保持警戒心。如有请求，你也暂且不必向他陈说，应该从速借机退出。回来以后，想一想他为什么会对你冷淡，再谋求恢复感情。

如果对方眼神阴沉，你应该明白这是凶狠的信号，与他交涉，须得小心行事。他可能正在伺机而动，准备给你致命一击。如果你没有战胜他的把握，那么最好从速鸣金

169

潜意识是每个人无法克制的，很多时候，当我们想去判断一件事，了解一个人身上什么特质，能帮助我们的，就要通过这个人的潜意识去了解。

收兵。

当对方的眼神流动异于平时时，你要明白他是胸怀诡计，想给你苦头尝尝。这时候对你来说明智的做法是步步为营，不要躁进，因为他可能安排了许多陷阱。不要过分相信他的甜言蜜语，这是钩上的饵，是毒物外的糖衣，要格外小心。

当对方的眼神呆滞，唇皮泛白的时候，你便可明白他尽管口中说不要紧，但对于当前的问题惶恐异常。他虽未绝望，还在想办法，但却一点也想不出应对良方来。你不必再多问，应该退去考虑应付办法，如果你已有办法，应该向他提出，并表示有几成把握。

当看到对方的眼神似在发火的时候，你要明白他此刻是怒火中烧，怨气极盛，如果你不打算与他决裂，那么应该表示可以妥协，速谋转机。否则，再逼紧一步，势必会引起正面的剧烈冲突。

当对方眼神恬静，面有笑意时，你要明白他对于某事非常满意。你要讨他的欢喜，不妨多说几句恭维话，你要有所求，这也是个好机会，相信他一定比平时更容易满足你的需求。

当对方眼神四射，神不守舍时，你便可明白他对于你的话已经感到厌倦，再说下去也是徒然，必无效果，你不妨赶紧告一段落，或乘机告退，或者寻找新话题，谈谈他愿听的事，或许更有益于维持你们的关系。

如果对方眼神凝定，你便可明白他对你的话还是比较感兴趣的，至少不是特别反感。这时候，你应该按照预定的计划，婉转陈说，只要你的见解独特、可行，他必然是乐于接受的。

如果对方眼神下垂，连头都向下倾了，你便可明白他是心有重忧，万分苦痛。你不要向他说得意事，那反而会刺激他的神经，加重他的苦痛；你也不要"哪壶不开提哪壶"，挑他的刺儿；你还要注意不向他说伤心事，因为同病相怜越发难忍。对你来说，最佳的方法是说些安慰的话，并且从速告退，多说也是无趣的。

如果对方眼神上扬，你便可明白他是不屑听你的话，无论你的理由如何充分，你的说法如何巧妙，还是不会有理想的结果，不如戛然而止，另谋良策。

总之，眼神有动有静，有散有聚，有凝有流，有阴沉，有呆滞，有下垂，有上扬，仔细参悟之后，必可发现蛛丝马迹。

171

3.手势中隐含的潜意识信息

生活中，手势是应用得最多的肢体语言。当说话时传递的信息与本心不完全相符时，会产生一些不协调的负性能量对抗，潜意识的自然防御机制将会寻找途径将这些能量释放出去，而手势则是最简单的释放方式。所以在交谈过程中多留心手的活动，这对你辨别对方言语的真伪至关重要。

说话时用手遮嘴。用手遮嘴，拇指压着面颊，是潜意识指示手作这样的姿势以压制谎言从口而出。有时只

人们在生活中，内心往往并不会那般纯粹，欲望、情感、喜好都会流露在眼神里。要想辨识一个人的想法，了解他的内心世界，应该先从观察眼神开始。

是几只手指，有时整个拳头遮住嘴巴，但意思都一样。遮掩嘴巴，是想隐藏其内心活动的特有姿势。许多人会用假咳嗽来掩饰这种护嘴姿势。

说话时用手摸鼻子，是遮嘴姿势比较世故、隐匿的一种变化方式。它可能是轻轻地来回摩擦着鼻子，也可能是很快地触一下。女性在作这种动作时，会非常轻柔、谨慎，因为怕脸上的妆容被弄糟了。

古时候的人曾流传下来这么一句话："鼻子直通大脑。"认为鼻子是一种传达信号的工具。说谎时鼻子的神经末梢被刺痛。摩擦鼻子是为了缓解这种感觉。这是一种关于摩擦鼻子的说法。另一种比较可信的说法认为：当不好的想法进入大脑之后，潜意识就会指示手遮着嘴，但显意识又怕表现得太明显，因此，就很快地在鼻子上摸一下。摸鼻子和遮嘴一样，在说话人使用时则表示欺骗，在听者来说则表示对说话者的怀疑。

单纯的鼻子发痒往往只会引发人们反复摩擦鼻子这个单一的手势，而和人们整个对话的内容、频率和节奏没有任何联系。

说话时用手摩擦眼睛，表示大脑想遮住眼睛所看到的欺骗、怀疑的事物；或者是在说谎时，避免正视对方的脸。男人通常揉得比较用力，而且如果是扯大谎，常常就把眼睛往别处看，通常是看地板。女人则是在眼下方轻轻地揉，一是为了避免对方的注视，她们常会眼睛看着天花板。

说话时用手抓耳朵，是想防止不好的事被听进耳朵的意思。小孩子不想听父母的责骂，就用双手掩住耳朵，成年人抓耳朵则是一种世故的形式。其他的变化有摩擦耳背，用手掏耳朵、拉耳垂或者用整个耳盖住耳垂的姿势，是表示他已经听够了或是想讲话的意思。而拉耳垂表示内心的某些不安，并对对方的话感到厌烦，要阻止别人的谈话。

将手指放在嘴唇之间的手势，与婴孩时代吸吮母亲的乳头有着密切的关系，是潜意识里对母亲怀抱里的安全感的渴望。人们常常在感受到压力的情况下做出这个手势。幼儿会将自己的拇指或者食指含在嘴里，作为母亲乳头的替代品，而成年人则表现为把手指放在嘴唇之间，或者吸烟、叼着烟斗、衔着钢笔、咬眼镜架、嚼口香糖等。

说话时用手搔脖子，表示怀疑或不肯定。当某人的话与事实不符时，这姿势特别明显，例如在说"我能够了解你的感觉"之类话的时候。

说话时用手拉衣领有多种含义。说谎的人在感到对方怀疑他时，脖子会冒汗，需要拉衣领；一个人在愤怒或沮丧时也会拉一拉衣领，好让脖子透透气。如果你看到对方使用这种姿势，只要向他提出"请再说一遍，好吗？"或"请你再说明白一点，好吗？"之类的问题就可以使他泄底。

手势不仅仅可以用来判断对方的情绪，比如是否说谎或疑惑等，它还反映人的个性特点。比如：

常常触摸自己头发的人，其个性大多数非常鲜明而又突出，他们是非善恶总是分得相当清楚，且不肯有一点点的马虎和迁就。他们具有一定的胆识和魄力，喜欢标新立异，去做一些比较刺激、别人不敢做的冒险的事情。此习

173

人生有两项主要目标，第一，拥有你所向往的；然后，享受它们。只有最具智慧的人才能做到第二点。

惯的人会不时地取笑和捉弄他人一番。应该承认他们当中有一些人的文化素质和修养并不是特别高，但并不是绝对和全部的人都这样。

说话时几乎总是伴随着一些手势，以对所说的话起解释、强调和说明、补充的作用，如摊开两手、拍打手心等等，这种人，自信心强，具有果断的决策力，凡事说做就做，有一股雷厉风行的洒脱劲儿，很有气势。他们大部分属于外向型的人，在什么时候都极力想把自己打造成为一个核心的人物。

在交谈的过程中解开外衣的纽扣，或者干脆把外衣脱掉，此动作表示这个人在很多时候是相当真诚和友善的，说明他对交谈、交往的对象并没有持太多的礼节，因为在一定的场合，这样的动作极有可能会被误以为是对对方不尊重、不礼貌的行为，而他没有过多地注重这些，显然是并没有把对方当做外人。至于那些一会儿把纽扣扣上，一会儿又解开的人，给人的感觉似乎就不太舒服。而这样的人又大多意志较不坚定，做事犹犹豫豫，迟疑不决，缺少果断的作风。

双手叉腰大多数是在十分气愤时所表现出来的一种动作，这种人的性格中多含有比较执著的一面，凡事追求完整和清楚，而不会在没有完全解决或弄清楚的时候就半途放弃。有时也可以是自己作为一个旁观者，观察某一件事或某一个人，含有一定要看到个结果的心理。

4.由身姿读懂对方的内心世界

身姿是人全身的表情。人的身姿也常常由潜意识而决定。心理学家研究发现，当一定的情绪体验产生时，由潜意识支配的人体交感与副交感神经系统都会发生变化，引发去甲肾上腺素等激素水平发生相应的变化，从而引起躯体产生细微的、不自主的运动。

著名人类学家霍尔教授告诉人们，**一个成功的人不但需要理解他人的有声语言，更重要的是能够观察他人的无声语言——身姿**。所以，我们在社交时，要多观察他人的身姿，以了解他们的内心世界。

（1）站姿

这里把站姿归纳为十个类型。

类型一：双脚自然站立，左脚在前，左手习惯于放在裤兜里。这种人为人敦厚笃实，能够为别人着想，平常喜欢安静的环境，给人的第一印象总是斯斯文文的，不过一旦碰上令他们气愤的事，也会暴跳如雷。

类型二：站立时，将双手插在裤兜里，时不时取出来又插进去。这种人具有不表露心思、暗中策划、盘算的倾

175

我们每个人都有自己的生活，都有选择精彩人生的机会，关键在于你的想法是否总是朝向积极的一面。

向；若是与弯腰曲背的姿势相配合，则是心情沮丧苦恼的反映。他们为人谨慎，凡事喜欢三思而后行，缺乏灵活性，事后又常后悔，经受不起失败的打击。

类型三：双踝交叉站立。这是一种防卫动作，多见于女性。若在听人谈话时采取双踝交叉的立姿，表明听话人持一种基本上排斥和审视的态度。

类型四：站立时脊背挺直、胸部挺起、双目平视。这是具有充分自信的表现；并可给人以"气宇轩昂""乐观向上"的印象，此种立姿属开放型。

类型五：站立时弯腰曲背，或略现佝偻状。这属于封闭型立姿，表现出自我防卫、封闭、消沉的倾向。若交谈中采用这一姿势，与对方相比较，精神上处于劣势，显得紧张不安或自我抑制。

类型六：两脚交叉并拢，一手托着下巴，另一只手托着这只手臂的肘关节。这种人意志坚强，多愁善感，很富爱心，经常可以看到他们的奉献精神。

类型七：两脚并拢或自然站立，双手背在身后。这种人做事大多眼高手低，急躁冒进，缺乏毅力，虎头蛇尾。他们很少对别人说"不"，在工作中不会有什么开拓和创新，对生活比较知足，不愿争斗。

类型八：双手交叉抱于胸前，两脚平行站立。这种人的叛逆性很强，时常忽视其他人的存在，具有强烈的挑战和攻击意识。

类型九：双脚自然站立，偶尔抖动一下双腿，双手十指相扣在腹前，大拇指相互来回搓动。这种人的表现欲望特别强，容不下别人，比较聪明，但是很喜欢钻"牛角尖"。

类型十：两手叉腰。这种立姿也是具有自信心和精神上优势的表现，因为两手叉腰属开放型动作，如果对面临的事物没有充分的心理准备是不会采用这个动作的。

（2）走姿

人走路的姿势各具情态，或缓慢，或急促，或阔步，或碎步，不同的走路姿势也可反映出人不同的心理状态。

步伐急促。总是急急匆匆的男人是典型的行动主义者，大多精力充沛、精明能干，敢于面对现实生活中的各种挑战，但喜欢吹毛求疵，与他们交往要多几个心眼。步伐具有这样特征的女性，其个性比较急躁，处理事情风风火火。

步伐平缓。这是典型的现实主义派。他们凡事讲求稳重，一般不轻易相信别人，一旦相信则特别重信义、守承诺。

步履齐整。走路如同上军操，步伐齐整，双手有规则地摆动。这种人意志力较强，对自己的信念非常专注，独裁，有时候甚至会不惜牺牲任何东西去达到他个人的理想和目标。

踱方步。这种人稳重冷静，富有理性，有很强的自制力，平时做事非常小心，不会轻易露出热情奔放的一面。

内八字。这种人有厚道的外表，但实际上他们并不显得沉静。他们容易留意生活中的细节，事事喜欢按部就班地进行，如果有突发事件发生就会阵脚大乱，而显得手足无措。

177

一个成功的人不但需要理解他人的有声语言，更重要的是能够观察他人的无声语言——身姿。

（3）坐姿

心理学家经过长期的观察和研究发现，坐姿会透露出一个人的心理秘密。

正襟危坐，两脚并拢并微微向前，整个脚掌着地：这类人襟怀坦荡，做事有条不紊，但容易较真，力求周密而完美，有时甚至有洁癖，缺乏足够的创新与灵活性。

跷着二郎腿坐着，无论哪条腿放在上面，都很自然：这类人比较自信，懂得如何生活，周围的人际关系也比较融洽。

跷着二郎腿坐着，并且一条腿勾着另一条腿：这类人谨慎矜持，没有足够的自信，做事有些犹豫不决。

脚尖并拢，脚跟分开地坐着：这类人做事易犹豫不决，有时过分的一丝不苟将影响变通性，他们习惯独处，交际只局限在感觉亲近者的范围内；很有洞察力，能以最快的速度对他人的性格做出准确的分析和判断，只是有时会过高评价自己的能力。

把双脚伸向前，脚踝部交叉：这类人喜欢发号施令，天生有嫉妒心理，可能是个很难相处的人。当然，这也是一种控制感情、控制紧张情绪和恐惧心理，很有防御意识的典型坐姿。

腿脚不停抖动，而且还喜欢用脚或脚尖使整个腿部抖动：这种人凡事从利己角度出发，对别人很吝啬，对自己却很纵容；但很善于思考，经常能提出一些意想不到的问题。

敞开手脚而坐：这类人具有主管一切的偏好，有指挥者的气质或支配性的性格，也可能是性格外向，有时不知天高地厚。女性若采用这种坐姿，还表明她们缺乏丰富的生活经验，所以经常表现得自以为是。

5.通过穿着风格透视对方的内心

一个人的穿着风格不仅表露了这个人的情感而且也可以透露出其潜意识里的人生哲学和人生观。"服装表现个性，个性体现于服装。"这一观念已被人们逐渐接受。这说明服装是个性潜意识的自我充分表现。

心理学研究表明，**穿着风格是一个人内心潜意识中的理念和个性的外化，其内心状态会透过衣着的风格、颜色、质料等袒露无遗。**

（1）衣服

一个人总是试图掩饰赤裸裸的身躯而穿着衣服，但是又往往因为自己对衣着的选择反而使得内心暴露于外了。所以，有人将衣服视为与人体不可分割的部分，甚至视为"自己的化身"。郭沫若曾经说："衣服是文化的表征，衣服是思想的形象。"从心理学上来讲，通过一个人所穿的衣服，我们可以判断其身份、地位、情趣乃至性格。

衣着朴素者缺乏自信。喜欢穿着朴素衣服的人向来非常小心，做任何事情都有计划性，并且诚实，很少产生损人利己的念头。这种人外表看起来诚实，但很容易耽于酒

179

穿着风格是一个人内心潜意识中的理念和个性的外化，其内心状态会透过衣着的风格、颜色、质料等袒露无遗。

色。应付这种类型的人，不要显示出你的攻击心。另外，这种类型的人人情味非常淡薄，是重视现实的人。平时喜欢朴实服装，但在某个豪华的场合上却盛装而入的人，值得我们充分审视。他们可能十分单纯，也可能颇有心机。他们大多敏感而刚愎自用，对别人的批评非常在意，但很难接受别人对自己的意见。

穿着洋味十足者有自卑感。这类人大多缺乏人情味，甚至冷酷无情，对生意上的事情非常敏感。当自己处于不利地位时，会积极寻找外援，博取他人的一臂之力；而一旦失手，则会推卸责任，诿过于人。当然，喜欢舶来品的人通常对时尚流行很敏感，他们对自己缺乏信心，希望借用舶来品来装饰自己。在很多时候，他们孤独、情绪不安定且有自卑感。

衣着华丽者自我显示欲强。这种人有强烈的自我显示欲，对于金钱的欲望特别强烈。所以，当你与这类身着华服的人打交道时，顺应他们的心理，多夸奖他们的服饰，满足其膨胀的显示欲是一个好办法，这种人就不会轻易与你为敌。

穿着马虎者做事大大咧咧。他们不注重搭配，对工作抱有热忱，但是一旦春风得意，他会高踞成就之上；一旦失势，他又畏缩不前。

注重服装色彩并喜欢复杂衣饰的人，往往比较讲究实际，有自信心，但爱支配人，感情易冲动，易陷入不安当中；喜欢浅色服装和简单衣饰的人，性格常常比较内向，生活朴实、温和淑静，但容易缺乏自信，依赖心理较强，不善于独立行动。

（2）领带

对于喜欢或经常穿西装的人来说，领带的选择不同、佩戴方法的差异能够反映出其潜意识里的品位和情操。

喜欢素色领带或完全不打领带的人，大多有很强的个性，不会轻易盲从他人的意见和建议。但是很多时候，又显得过于顽固，缺乏圆通。

领带绿色、衬衫黄色搭配。这样的人富有活力，朝气蓬勃，他们有想法，做事不喜欢拖泥带水，对生活充满信心，不过有的时候也容易鲁莽冲动，自控能力较差。

领带深蓝色、衬衫白色搭配。喜欢这样装扮自己的人少年老成，同时不乏翩翩风度。他们事业心极重，在奋斗过程中常常出现急功近利的行为。

领带多色、衬衫浅蓝色搭配。这种人通常带有一股市井脾气，热衷于名利；路边的野花繁多美丽，常常使他们心猿意马。见异思迁的他们对爱情往往不能专心致志，追逐的目标总是频繁更迭。

领带黑色、衬衫白色搭配。这种人多为稳健老成之士，他们懂得该追求什么，奉行"善有善报、恶有恶报"的信条，善于明辨是非，弘扬正义。

领带黑色、衬衫灰色搭配。喜欢这副装束的人，气量狭小，性情忧郁。通常会露出一脸苦相，从而影响到周围人的情绪。

领带红色、衬衫白色搭配。这种人有如火一样的热情和如水般纯洁的心灵。

领带黄色、衬衫绿色搭配。这种人很懂得策划自己的人生，并且能够一步一个脚印地走下去。他们相信付出终会有回报，对自己的行为充满信心。他们与世无争，性情

181

明白了这个道理，在戒烟时就要和潜意识对话，进行积极的自我暗示，暗示自己吸烟已经使我的健康受到了影响，我要戒烟了，想象戒烟后自己的健康在改善，口气也变得清新。每天进行这样的暗示，使潜意识建立起新的习惯模式。

柔顺，对人和蔼可亲，并且还会不时地流露出诗人或艺术家的气质。

不会系领带的人。经常使用领带但总学不会系领带的人，要么就有些"笨"，要么是绝技在身或先天具有领袖才能。他们大都心胸豁达而不拘小节，个性洒脱，不屑将精力消耗在系领带这样的细节问题上。此外，他们性情随和，有同情心，朋友甚多，口碑也好，且夫妻情笃、家庭和睦。

（3）鞋子

鞋子并不是单纯地起到保护脚的作用，它还可以向人透露出一个人的性格、经济状况、社会地位、职业及年龄。从鞋的选择上，可以反映出一个人的个性及心情，每种款式都有它的精神诉求所在，有的性感，有的踏实，有的理智……鞋子在无言中替我们跟人进行沟通，传递关于我们的丝丝讯息。

喜欢穿时髦鞋子的人，做事时常缺少周全的考虑，所以会顾此失彼。他们对新鲜事物的接受能力比较强，表现欲望和虚荣心也强。

喜欢穿带装饰物鞋的人，大多是女性，这是一种把自己看得比较重，且属于自我满足型的人。

喜欢穿拖鞋的人属于轻松随意的人，他们可以被视为自由者的最佳代表。这种人对自己的感觉和感受非常注重，他们属于性情中人，一般不会随着别人的建议而改变自己。他们可以在自我调节中充分地享受生活。

喜欢穿没有鞋带的鞋子的人，并没有多少特别之处，穿着打扮和思想意识与普通人相去不多。只不过他们比较传统和保守，追求整洁，不喜欢表露自己。

喜欢穿运动鞋的人，对生活持有积极乐观的态度，在为人上表现出亲切和自然之感，他们没有特别的生活规律，一般容易与人相处。

喜欢穿远足靴的人，会把自己充足的时间和精力投入到工作中，而且他们有较强的危机感，并且随时应对各种各样的突发事件。他们勇于冒险，具有开拓精神，经常向自己不熟悉的领域挺进，并且对自己有"绝对能成功"的自信。

喜欢穿露出脚趾的鞋子的人，属于性格外向型。他们的思想意识比较先进和前卫，浑身上下充满了朝气。这种人在与人交往的过程中，一般能表现出拿得起、放得下的洒脱。

183

喜欢穿长靴子的人没有足够的自信心。靴子，在一定程度上能为人们带来一些自信，而且也为他们增加安全意识。爱穿这种鞋子的人在不同的场合和时机，懂得如何来掩蔽和保护自己。

鞋子并不是单纯地起到保护脚的作用，它还可以向人透露出一个人的性格、经济状况、社会地位、职业及年龄。

6.捕捉随身饰品所传达的信息

古今中外，都有人喜欢用饰品点缀自己，的确，这种装饰行为能为人增加不少的风采。从心理学的角度来讲，饰品具有"延长自我"的特点，在缔造美的同时，也在含蓄地传达着一个人的潜意识。因此，我们在社交过程中要捕捉对方随身饰品所传达的信息，以更好地了解对方。

（1）贵金属饰品（包括黄金、铂金、钯金）

身上戴满金戒指、金耳环、金手镯、金项链的人，往往是一个颇有自信心、性格外向并待人友善的人。如果只戴少许金饰，比如只戴一只金戒指或一块金表、一条项链者，说明其欣赏好东西的口味，但性格不太外向，注意约束自己，不是一个态度随便的人。

（2）银饰品

喜欢戴银饰品的是一个有秩序的人，喜欢按照事先制定好的规则做事，尤其是每天的例行工作，而不喜欢突然使人惊奇。

（3）家传饰品

有些人喜欢戴家传饰品，如旧式手镯、旧式耳环和戒指，或一对古老的袖饰或胸饰，而不去改制或购买新潮现代的饰品，身上也绝无此类饰品，这类人十分怀旧恋家，忠于家庭，对朋友也非常忠诚。

（4）显眼的饰品

喜欢戴很大很悦目的饰品(比如大耳环、大型胸饰、大颗的彩色珠宝，非常鲜艳的装饰物等)的人，大多无忧无虑，很有幽默感，喜欢在众人中突出自己。乐于助人，善与人相处，受人欢迎。

（5）艺术饰品

有人喜欢买手工制作的首饰或是自制饰品，件件与众不同，这类人有创造性，有潜质、有独特品位，个人本身也极具情趣与个性。

（6）仿真饰品

身上成串的红宝石、绿翡翠，其实全是假货，这类人把自己的外貌放在非常重要的地位，也许是生活上要求甚高，喜爱精品，哪怕是赝品。

（7）没有饰品

有些人，特别是指女士，任何饰品都不戴，并不在乎别人满身珠宝，这类人很实际，并无意于顺他人心目而建立自己的形象，她可能是很注重内在的人，并不留心外表，而并非无钱购买饰品。

心理学家发现，**不同性格的人对不同的颜色会有一种特别的偏爱，在饰品的选择方面也能表现出来**。所以，我们在注意看别人佩戴的饰物后，还可以进一步看饰物颜色，从而更准确地把握对方。

喜欢红色饰物的人易冲动，喜欢走极端，注重追求精神上的生存环境，在集体活动中有很强的组织能力，耐力强。

喜欢红紫色饰品的人无法冷静客观地正视自己，喜欢听取别人的意见，容易受人诱惑，对于目标没有持之以恒的决心。

喜欢粉红色饰品的人举止优雅，注重礼仪，希望永葆青春美丽。表面上遇事冷静，一旦真正有事发生时，会毫无主张，心理不太成熟。

喜欢橙色饰品的人善于雄辩，他们口才很好，性格开朗，说话幽默，不能忍受寂寞的生活，在生活中非常感性，对任何事情都喜欢主动出击。

喜欢黄色饰品的人注重知识上的追求，对别人的警戒心强，不轻易与人交心，心思复杂，但其心灵高洁。如一

185

不同性格的人对不同的颜色会有一种特别的偏爱，在饰品的选择方面也能表现出来。

且成为好友，是会与对方患难与共的。

喜欢橄榄色饰品的人性格压抑，对待任何事物都喜欢往坏处想。他们比较脆弱，但心地善良，富于同情心。

喜欢绿色饰品的人性格散漫，追求自由，对待事物没有偏见，心胸宽广，待人坦诚。

喜欢青绿色饰品的人性格敏锐，拥有特别的神经和思维，对待事物面面俱到，是很好的军师型人物。

喜欢紫色饰品的人喜欢给人一种神秘的感觉，具有艺术家的气质，但常常处于一种自我满足的状态。

喜欢褐色饰品的人性格坚强，即使目前生活艰难，也不会放弃理想。个性过于呆板是其最大的缺点。

喜欢白色饰品的人性格冷漠，对待任何事都不积极，遇事没有决断力，属于爱幻想、很少做出实际行动的人。与这种人共事，旁人需要给他们施加压力和动力才行。

喜欢黄绿色饰品的人性格乏味，交际圈小，不细心。其为人踏实，如果想过波澜不惊的生活，与其共处是最好的选择。

喜欢暗红紫色及暗褐色、黑色饰品的人性格内向，不喜欢交往。即使交往，在人面前表现的也不是其真实的性格。这种人心里有些无法愈合的心灵创伤或痛苦回忆，导致其对人对事不喜欢表露真心。

喜欢灰色饰品的人欠缺勇气，没有主见，追求高雅，有较高的审美素质，性格中有贵族气质。如果买东西，叫这种人帮忙参谋是不会错的。

7.握手的方式泄漏内心态度

握手是一种礼仪，人与人之间、团体之间、国家之间的交往都赋予这个动作丰富的内涵。一般说来，握手往往表示友好，是一种交流，可以沟通原本隔阂的情感，可以加深双方的理解、信任，可以表示一方的尊敬、景仰、祝贺、鼓励，也能传达出一些人的淡漠、敷衍、逢迎、虚假、傲慢。**在社交场合，我们可以通过感受对方的握手方式，了解其潜意识中的性格特点和内心的真实态度。**

（1）握手时，紧握对方手掌，用力挤握，甚至令对方感到疼痛

此类人精力充沛，自信心强，为人则偏于专断独裁，但组织能力及领导才能均极突出。他们容易在别人面前毫无顾虑地批评某人，并且他们的辩论能力非常强，对事情能做很有条理的分析，是一个难缠的批评高手。对于主观性这么强的人，最好的办法就是顺着他们的意思，然后以柔克刚，兜个圈来让他们点头认可。

（2）握手时力度适中，双眼注视对方

这种人个性坦率、坚毅，有责任感而且可靠，思想缜

187

在社交场合，我们可以通过感受对方的握手方式，了解其潜意识中的性格特点和内心的真实态度。

密，善于推理，经常能为人提供有建设性的意见；每当遇到困难时，总能迅速提出可行的应付方法，深得他人的喜爱。

（3）握手时只轻轻接触，显得漫不经心

这类人随和豁达，绝不偏执，颇有游戏人生的洒脱，而且凡事不与人为敌，谦和从众。

（4）握手时习惯用两手握持对方

这种人热诚敦厚，心地善良，他们通常不太会在人背后批评别人，是很热爱朋友的人。但有些意图以"虚幻而夸张的姿势"来感动对方的人，也会这样做，所以一定要分辨清楚对方的意图。

（5）握手时握住对方久久不放

这种人情感丰富，极重情义，一旦建立友谊，则日久弥坚。

（6）握手时只用手指抓握对方，而掌心不与对方接触

这种人个性平和而敏感，情绪易激动，他们心地善良，且极富同情心，胸怀宽广。

（7）握手时抓紧对方的手，上下不断摇动

这类型的人，除了对礼仪认识不足外，基本上算不上是什么坏人。他们只是缺乏对于情感和理智的分辨，所以就表现得有点摇摆。他们乐观向上，对人生拥有积极的态度。他们的积极热诚使他们经常成为中心人物，受人爱戴。

（8）握手时手指软弱乏力，懒洋洋的，手也握不紧

这种人多是悲观主义者，性情懦弱，胆小怕事。

（9）握着别人的手，直至把话说完才放开

这种人为人热情又长情，朋友有难必定两肋插刀，出手相助。由于他们比较感情用事，容易公私混淆，朋友稍为冷落他们，便会大为

不悦，所以与之交友要小心。他们在办事的时候容易拖拉，且无头绪，给人以莽撞之感。

（10）手心与手指传达不同的性格特点

握手时手心朝上的人多是性格柔顺，易于相处；手心朝下的多是争强好胜不肯服人的一类。而只伸出手指的人多精于世故、吝啬贪婪，同时还传达出一种蔑视的意思。

（11）握手时掌心出汗

这种人大都性情较内向，易于冲动，心理失去平衡，常因内心紧张不安而表现不自然。另外当一个人处于亢奋时，也会出现这种情况。

（12）握手时只握对方手指头的部分

这种人平时嘴巴总爱不停地动着，而且说的全都是不满的言论，很容易瞧不起人，而且他多半是属于以感情来思考的人，只要有人第一印象给他的感觉是负分，就算这个朋友日后再怎么努力，都很难翻身。

另外，有些人从不愿意与人握手，他们个性内向羞怯、保守，但却真挚。这种人不轻易付出感情，但只要建立起感情之后，便会情比金坚。对朋友如此，对爱情亦然。还有的人握手时，手臂不愿长伸，肘的弯度成直角，手迫近身子。这种人大多谨慎、保守；而视握手为例行公事的人，非常随便，这种人一般都缺少诚意，做事草率，不值得信赖。

189

习惯是受潜意识控制的，它的更迭有它内在的规律。如果你不想要某种习惯，那只是显意识的愿望，潜意识未必同意。

8.名片上传递出来的潜意识

名片，中国古代称名刺，是标示姓名及其所属组织、联系方法的纸片。交换名片是人际交往的一个重要的环节，是新朋友互相认识、自我介绍的最快最有效的方法。交换名片的方式以及名片的风格，都表达了一个人潜意识里所流露出来的很多信息，我们要多加留意，以更好地把握对方的心理。

一般而言，在交换名片时，会在该名片上附记时间、地点的人，是属于头脑灵活，兴趣广泛，能出主意的类型。这种类型的人细心、认真，能广交朋友。

自己比对方先拿出名片的人，通常是为了向对方表示诚意。当对方将名片拿出来时，用双手接过来，是表示慎重、尊敬、温厚；接过对方名片，自己不递名片且没有任何反应，则表示蛮横、无礼与拒绝。

同时持有两张名片的人，一般都深谋远虑。他们多有创新精神，往往会有超出常规的壮举。而且除了从事本职工作之外，一般都兼有第二份职业，不但兴趣广泛且神通广大。

经常以"名片用完了"之类的话表示歉意者，对生活和事业缺乏长远计划，为人轻率。明明有名片却说："很对不起，我的名片正好用完了。"从而不给别人自己的名片，这种人可能有比较强的戒备心理。

不分场合、对象，随意乱发名片的人，多有野心，喜欢抬举自己，自我显示欲强烈。这种人会忘记何时何地又把名片给谁了，把名片当成传单使用。他们多梦想一夜暴富，交往中表现不大诚实。这类人外表看起来很开朗且又谨慎，但实际上常有言行不一的地方。

有的人经常若无其事地掏出一大堆别人的名片来，夸耀自己同这些人是如何如何要好；有的人抓出大把不经整理的名片，从中东翻西找寻找自己的名片。这类拿有大量别人名片外出的人，大多属于以自我为中心的类型。这类人大都活动能力强，口才好，能讨人喜欢；同时这种人精力充沛，有魄力，但过分注重外表。

名片的风格，也表达了一个人对自身的评价，我们从中可以看出一个人的心态。

（1）名字字体粗大的名片

在名片上用粗大字体印上自己名字的人，表现欲望强烈，在为人处世等方面懂得把握分寸，同时待人态度温和。他们的外表和内心经常会相当不一致，善于隐藏自己。

（2）怪异的名片

使用质地、形状和色泽怪异的名片的人，大多爱卖弄自我，独来独往，我行我素。他们大多能言善辩，但很少真正对人发生兴趣。他们大部分好恶分明，缺少协调性，

名片的风格，也表达了一个人对自身的评价，我们从中可以看出一个人的心态。

且依赖感很强。

（3）轻柔材质的名片

用轻柔质感的材质制作名片的人，多为女性，或是具有很强的审美观念的男性。这种人性情温和，富有同情心，不太轻易与人发生争执，容易原谅对方。但这一类人不太坚强，意志薄弱。

（4）加护膜的名片

喜欢在名片上加护膜的人，大部分具有神经质、虚荣心强的倾向，他们在外表上看起来多显得热情、真诚和豪爽，与人相交十分亲切和善，但这可能只是他们交往中惯使的一种敷衍手段，他们有很强的疑心病和嫉妒心。

（5）附加家庭信息的名片

喜欢在名片上附加家庭地址和电话号码的人，具有较强的责任感，他们希望别人能以最快、最经济的方式找到自己，解决问题。与此相反，有些人拒绝告诉他人自家的地址和电话，他们害怕这会为自己带来麻烦。

（6）乱发名片

喜欢不分时间、地点和场合，见人就递名片的人，大多有十分强烈的表现欲望，他们有勃勃的野心，喜欢把自己摆在一个相当显眼的位置上，让所有人都能看到。

（7）没有头衔的名片

有的人即使身兼数职，头衔繁多，但是在名片上没有印上任何头衔，这种人通常具有特殊的创造力，潜意识里讨厌被人驾驭驱使，也不喜欢对别人发号施令。

9.通过"微表情"读懂内心

微表情，是心理学名词。人们通过做一些表情把内心感受表达给对方看，在人们做的不同表情之间，或是某个表情里，脸部会"泄露"出其他的信息。"微表情"最短可持续1/25秒，虽然一个无意识的表情可能只持续一瞬间，但对有所掩饰者来说，这是种烦人的特性，很容易暴露情绪。当面部在做某个表情时，这些持续时间极短的表情会突然一闪而过，而且有时表达相反的真实情绪。

微表情可以看作体态语言的一种，是基于潜意识的应激特征，这些表情传达的信息处于一种无意识控制状态，是一种自发性的表情变化，很难掩饰，从而直指一个人内心深处最真实的想法。

在20世纪60年代，美国的心理研究者威廉·康顿率先进行了针对瞬间互动的研究。在他著名的研究项目中，他逐帧地仔细观察了一段4秒半的影片片段，每帧是1/25秒。在对这段影片片段研究一年半之后，他已经可以明辨一些互动时的小动作，比如当丈夫把手伸过来的瞬间，妻子会以一种微弱的节奏移动她的肩膀。

193

微表情可以看作体态语言的一种，是基于潜意识的应激特征，这些表情传达的信息处于一种无意识控制状态，是一种自发性的表情变化，很难掩饰，从而直指一个人内心深处最真实的想法。

　　玛丽是一位重度抑郁症患者，她告诉主治医生，想要回家看看自己的剑兰和花猫。提出请求的时候，她显得神情愉悦而放松，不时地眯起眼睛微笑，摆出一副撒娇的模样。但令人震惊的是，玛丽在回家之后，尝试了3种方法自杀，结果未遂。

　　事后，主治医生将当时的视频反复播放，用慢镜头仔细检视，突然在两帧图像之间看到了一个稍纵即逝的表情，那是一个生动又明显的极度痛苦的表情，只持续了不到1/15秒。

　　美国另一位心理学家约翰·戈特曼通过情侣录像来分析两人间的互动。通过研究这些微动作，戈特曼可以预言哪些情侣会继续恋情，而哪些将会分手。

　　1978年，埃克曼博士发布了面部行为代码系统。在这一系统中，人脸部的肌肉有43块，可以组合出1万多种表情，其中3000种具有情感意义。埃克曼根据人脸解剖学特点，将其划分成若干相互独立又相互联系的运动单元。分析这些运动单元的运动特征及其所控制的主要区域以及与之相关的表情，就能得出面部表情的标准运动。2002年，这个系统进行了一次升级，对表情的捕捉准确率达到了90%。

　　在《别对我说谎》一剧中，主人公莱特曼博士就是通过这些在人脸上转瞬即逝的微表情和一些常人无法察觉的身体语言与姿态，寻找令测谎仪都束手无策的案件的真相，判断之精准神妙让人惊叹。

　　心理学专家通过多年的研究，对几种常见的面部微表情暗含的情感作了一些解析。

惊奇、害怕的表情在脸上超过一秒，表示是假装的。

对方对你的质问表示不屑，通常你的质问会是真的。

回忆时的眼球是朝左下方的，而谎言不需要回忆的过程。

对方对你撒谎时，会有更多的眼神交流，来判断你是否相信他的谎言。

紧张、愤怒、性兴奋三种情绪会使人的瞳孔放大。

微笑的时候眨眼睛说明真的想到令人幸福的事。假笑眼角是没有皱纹的。

195

瘪嘴角是经典的犯错表情。对自己的话没信心。

当一个人面部两侧表情不对称时，他很有可能在伪装感情。

当真正的凶手看到被害者照片的时候，会表现出恶心、轻蔑甚至是害怕，但绝对不会是吃惊。

睡姿所传达的信息很少具有欺骗性，能真实反映人的心理。

要是有人将实施血腥的罪行，就会出现这样的表情：眉毛朝下皱紧，上眼睑扬起，眼周绷紧。

习惯用右手的人，嘴唇左边向上撩起，大多为假笑。脸部74%的真实感受往往会在右脸暴露。

10.睡姿传达的信息更真实

到目前为止，有很多研究都在关注人们醒着时的各种肢体语言，那么我们在睡梦中同样也存在这种现象吗？答案是肯定的，而且睡姿传达的信息更真实。因为人睡着之后，显意识基本不起作用，完全反映出人的潜意识。所以**睡姿所传达的信息很少具有欺骗性，能真实反映人的心理。**

喜欢仰卧睡姿的人，心胸开阔，容易信任他人，容易接受时尚和新思想，是一个有胆量、有独立精神的人，他们对自己的行为感觉良好，是个不怕得罪人的人。这种人强调独立能力和自我创新精神，他们最讨厌说谎和虚伪的人。虽然他们有很多好朋友，却没有异性缘，因为他们在人群中太亮眼了，朋友可能会感到有些压力，生怕自己一不小心也成了众矢之的。

喜欢俯卧式睡姿的人，比较含蓄，经常忧心忡忡，他们不喜欢被人批评，自我保护意识强，这种睡姿表面上看是很安全的，实际上对人的伤害是非常大的，人身体的各部分都会受到压迫。采用这种睡姿的人，他不知如何保护自己，有些保护自己过度，防卫过度。这种人和正面朝上睡的人正相反，在和人交往时会保持很远的距离，甚至表面上和别人很近，内心却距离很远。他们以自我为中心，过度关注自己，甚至走极端。他们喜怒不形于色，比较内向，甚至是特别内向。

采用侧卧睡姿的人，性格比较稳健。这种人很清楚自己的优点和缺点，处事比较谨慎，很自信。虽然有时候会感到焦躁不安，但不会轻易为什么事情发愁和苦恼。而且这样的人说话总是直来直去，不怕得罪人。

喜欢裸睡的人向往自由，他们很感性，做事随心所欲，不太会顾及他人的感受。这使他们很容易因无视规则而遭到排挤或指责，但事实上，若能在做事时照顾一下公共规则会让自己更顺利。

除此之外，英国"睡眠评量暨顾问服务"主任克里斯·伊德兹考斯基教授曾对1000名受试者进行调查分析，概括出了六种常用睡姿，每一种都与人的不同性格有关。下面我们分别来看：

（1）胎儿型睡姿

这是很常见的睡眠姿势，向右侧卧，右手放在枕头旁边，左手自然搭在腰间，双腿自然弯曲。就像我们中国人讲的"卧如弓"，也类似胎儿在母亲身体中的姿势。

采用婴儿般睡姿的人，潜意识里缺乏安全感，比较软弱，独立性较差。他们常常有自私、妒忌和报复的心态，责任心也不强。因为他们非常容易发脾气，所以身旁的人们都要非常地小心，避免去触动其痛处而激怒了他们。如果这类人同时还喜欢抓住衣被或抱着玩具入睡，说明他们对异性的警戒心很强。另外，这一类人往往比较缺乏逻辑

197

人们常说性格决定命运，其实是在说习惯决定命运。性格是习惯的累积。我们性格的表现，也就是我们的思维习惯和行为习惯的外在表现，正是这两种习惯决定了我们的命运。

思维能力，做事没有先后顺序，常常是一件事情已经发生了，他却连准备工作都还没做好。

（2）树干型睡姿

即身体偏向一侧，双臂向下伸展，顺贴在身上，腿稍直。这类人个性随和，喜欢待在人群之中，会信任陌生人，不过可能容易受骗。在人际关系、情绪表达上比较适度，既非情绪化，也不是过分理性。自信心方面也是这样。但是向左卧还是向右，手的位置不同，性格也不一样。

侧卧，手枕着胳膊。一般人睡觉是不枕着胳膊睡的，因为枕着胳膊睡手会压得酸痛，这样睡觉就有点刻意了，这样的人往往有点讲规则，但不过分，做事拿捏适度，不是偏激的人。在人际交往中也是这样，既不会和人有太大的冲突，同时也不会和人走得特别近。

侧卧，两手向前伸出，有如在渴求些什么。这种人心胸开放，但也可能多疑而尖刻。他们不轻易作决定，可是一旦作出决定就不太会再更改。

侧卧，手放在胸前代表了防卫。就像我们在清醒状态下，护胸有种防卫的心理一样。但是这种防卫不严重，属于正常。而侧卧，抱着被子，这样睡的人的不安全感就更强些，他借助外在的东西来保护自己。因为抱着被子很舒服，就会感到很安全。

（3）思念型睡姿

身体偏向一侧，双手向外伸展，与身体形成直角。这类人的性格与"树干型"睡姿的人有点类似。他们也喜欢与人交往，性格外向，易融入集体。不过与"树干型"睡姿的人容易轻信别人的特点相反，"思念型"睡姿的人较多疑，根据情况的不同有时甚至有点偏激和愤世嫉俗。这种对事物的批判态度使他们很难接受不同的意见，就算他们尊重这些意见，到最后也仍十分顽固。思念型睡姿是冷战或逃避问题时的一种折射。

（4）士兵式睡姿

睡时脸向上平躺，两手贴在身体两侧。采用这种睡姿的人的性格中规中矩，非常理性，有时过于理性。他们沉默拘谨，不喜欢大惊小怪，对自己和别人都要求甚高。从不好的一面讲，就是古板、刻板、固执、讲规则，而且他的规则别人不能改变，这样的人和他接触起来就会觉得他非常教条。从好的方面讲，这类人的耐性好，不容易改变，做事持之以恒，讲信用。

（5）海星型睡姿

海星型睡姿就是睡觉时身体平躺在床上，双臂稍稍上举抱枕，习惯这一种睡姿的人一般都乐于助人，也是一个非常好的倾听者，对人慷慨，所以朋友很多。但他们并不喜欢成为焦点，而习惯于置身事外，用一种很淡然的心情去看待事物。

海星型睡姿的变种是睡觉呈"大"字状。采用这种睡姿的有两类人：一类是对自己的状况盲目乐观，盲目自信，就像有些自负的人。他们待人接物热情、开放，心里藏的东西不多，有什么说什么，思维快，情绪变化也会快一些，总之是做事速度型的人。另一类人是各方面的能力非常强，所以不怕被伤害。总体来讲，这些人的防卫心理不是很重，但是人与人交往必定是要防卫的，如果不防卫

199

任何一种行为只要有意识地不断重复，就会进入潜意识，当我们多次遇到同样或者类似的事情的时候，潜意识就会慢慢形成相应的程序，最终成为一种习惯。

就很容易受伤。所以，这类人比较理想化，觉得自己什么都不怕。通常胖人会采取这种睡姿，但是从生理角度讲，这种睡姿对胖人来说，并不是什么好事情。采用这种睡姿的人性格中还有放任自己、不克制自己的一面。

（6）自由落体型睡姿

自由落体型睡姿即俯卧式睡姿，我们前面已经说过，这里不再赘述。

会不会有人认为自己一个晚上睡姿有很多变化呢？心理学家研究发现，在睡觉的时候，人们一般很难改变自己的睡姿，只有5％的人可以在一晚上变换不同的姿势，绝大多数人即使中间有翻身等动作，但是最后往往还是习惯性地选择了自己最常用、也最喜欢的睡姿。

第7章 从潜意识入手调整和优化习惯

　　人的日常活动，百分之九十都在重复原来的动作。这些行为是潜意识的程序化，不用思考而自动运作。这就是人们常说的习惯。习惯是所有成功的奴仆，也是所有失败的帮凶。所以，若想改变人生，就必须从潜意识入手调整自己的习惯。

1.习惯是潜意识对言行的自动反应

习惯是自动化的行为方式和反应方式，是人们在无意识状态下产生的行为。它是潜意识对言行的自动反应，不需要特别的意志努力，不需要别人的监控，在什么情况下就按什么规则去行动。

例如：我们骑自行车，要眼、手、身体以及脚的配合才能行驶。眼负责观察道路，手负责调整方向，身体掌握自行车的平衡，脚负责提供动力。但是，当我们学会了骑自行车，骑上后并不用有意识地发出指令：向前看，前面有块石头，把车把向左调整……这就是潜意识在发挥作用。这样的事情太多了，我们走路、吃饭、睡觉、干工作等都是如此。

这些都是潜意识控制的结果。**有关信息一旦同化在你的潜意识中，一遇到类似的事情，潜意识就会按照存储的信息，发出指令，使你按照这个指令去运作。**

习惯的力量是巨大的。在一个人的日常活动中，有90%的行为都在不断重复原来的动作，并在潜意识中转化为程序化的惯性。这些行为都是不用思考的自动运作。这种自动运作的力量，就是习惯的力量。

专家指出，行为一旦变成了习惯，就会不自觉地在这个轨道上运行，是一种省时省事的自然力。

你有没有过这样的经历：你开车前设定了自己的目的地，却不知不觉行驶到别的地方。比如你原本每天上班是走同一条路线，而最近一段时间，途中因为施工经常导致交通堵塞，于是你有意识地为自己规划了另一条行车路线。然而不幸的是，可能还是很多次走上了拥堵的老路。

这种"走老路"的习惯，便是潜意识作用的结果。显然，"走老路"更自然、更节省精力，也就是说，除非你调整自己的潜意识（即习惯），否则，你将不由自主地重复类似的选择。

其实生活中没有其他东西更能像习惯这样证实潜意识的神奇。习惯就像一根拴住我们的绳子，在我们每天重复这种行为时，这根绳子就会变得越来越结实，让我们无法挣脱。所以习惯又被人们称为第二天性。

习惯一旦养成，就会成为支配人的一种力量，主宰人的一生。

芝加哥大学的本杰明·布鲁姆博士开展了一项对杰出学者、艺术家以及运动员的研究，前后长达5年之久。研究结果表明，造就这些原本普通人士非凡成就的主要因素，不是天才和天赋，而是好习惯。

习惯是人生中的一柄双刃剑。良好的习惯如一枝枝花朵，或恬淡、或张扬地在我们的人生旅途中绽放着，是我们人生路上的好帮手，帮助我们轻松地获得快乐与成功；而不良习惯也可以成为我们最大的负担，甚至能毁掉我们的一生。

人们常说性格决定命运，其实是在说习惯决定命运。性格是习惯的累积。我们性格的表现，也就是我们的思维

203

> 习惯是自动化的行为方式和反应方式，是人们在无意识状态下产生的行为。

习惯和行为习惯的外在表现，正是这两种习惯决定了我们的命运。牧师华理克在他的作品《目标驱动生活》中有这样的论述："性格其实就是习惯的总和，就是你习惯性的表现。"

潜意识是我们习惯的发源地，我们的日常行为、品位都是来自潜意识。随着年龄的增长，我们的习惯越来越多，我们被习惯支配的时间也就越来越多。最后，大多数时候我们的思维方式和行为方式都会受到习惯的支配。好习惯随着时间的延续，带给我们的益处越来越大；相反，坏习惯随着时间的延续，带给我们的害处也会越来越多。

所以如果你想掌控人生，那么就要从潜意识着手，调整和优化自己的习惯。这样，我们的生活才有可能发生改变，否则，我们只会继续那种我们以往一点一滴构筑起来的习惯中。

2.习惯究竟为什么很难改变

我们都知道，要改变一个人的习惯是很难的事，为什么很难呢？因为它深深根植于我们的潜意识当中。这便是我们仅用显意识很难改变习惯的本质原因。

我们的行为可以分为两种：一种是听从当前的意识发号施令；一种是根据潜意识中的规律有条不紊、从容不迫地进行。在主导两种行为的两种能量中，外在的可变能量是显意识，或者说是客观意识；内在的可变能量就是潜意识，或者说是主观意识，保障我们的内在世界有序的进行。

我们可用航海中的船只进一步说明这个问题。

潜意识好比船上的自动导航系统，只要不修改自控程序，它就自动地按照原设定的程序控制船只的航行。

显意识就是船上的方向盘。当你操作方向盘时，船就按照方向盘所指的方向前进。当你离开方向盘，不再对方向盘施加作用时，船的航行马上又进入自动导航系统，只要你对自动导航系统的程序没做修正，它仍会按照原来预定的程序控制船的行进，使船的航向又恢复到预定的航线。

其实，我们的生活习惯就是如此。比如，有一个人检查身体时发现自己患了轻度的脂肪肝，于是决定每天早晨六点起床，锻炼一个小时。可是，他以前都是七点起床，几乎从来不锻炼，多年来养成了这个习惯。

但是为了健康，他决心要改变这一习惯。第一天六点钟起床了，锻炼了一个小时，他做到了。第二天，他又坚持，也做到了。到了第三天，一出门天在下雨，他心想算了吧，今天不是我不跑，而是天气不好。

到了第四天，没出门就听到在刮风，他心想这不是我不跑，而是老天爷不让我跑。第五天，一觉睡到七点，又是过去正常起床的时间了，一切又恢复了原样。就这样通过锻炼身体来治疗脂肪肝的计划告吹了。

我们来分析一下这个过程。这个人强制自己六点钟起床锻炼身体，是他显意识的作用，相当于船上的方向盘，通过施加外力，使船改变方向；而他七点起床，是他早已养成的习惯，不需要任何强制作用，是他的自动导航系统

205

有关信息一旦同化在你的潜意识中，一遇到类似的事情，潜意识就会按照存储的信息，发出指令，使你按照这个指令去运作。

（潜意识），不自觉地就会按照习惯去做。这就是使他容易恢复原状的主要原因。

起床、锻炼身体的习惯是这样的，其他习惯也是如此。所以，如果要改变一个习惯，就得对潜意识进行深入的分析，通过改变潜意识去改变习惯，这样就不会觉得那么难了。

3.通过有意识的选择来调整习惯

我们日常生活中的习惯其实是我们自己选择的，比如，学习、骑自行车、跳舞或开车，都是在意识的选择和指导下一次次地重复动作，直到在潜意识中留下了深深的"印迹"为止。然后，潜意识会支配你产生自动的习惯动作。

习惯的形成是意识选择的结果，是潜意识对言行的自动反应。既然习惯是有意识选择的结果，那我们就可以通过有意识的选择来调整习惯。

面对不同的习惯，我们应当适时分辨它的特性，有意识地选择好习惯。好习惯能培养我们的意志力，使我们面对任何事物都有坚定的信念和持之以恒的信心，循序渐进地协助我们实现梦寐以求的结果，无形中成为我们的心理助手。而有些习惯则使我们对于它的依赖趋于惰性，我们很有可能意识不到它正渐渐麻痹着我们的思想，不断摧残着我们的意志力，使我们深陷恶习的泥淖无法自拔，最终身不由己，甚至一败涂地。

　　有的习惯往往披着华丽的外衣，蛊惑着我们的辨别力，当我们被它亮丽的外表所吸引，甚至于痴迷于它的伪装，就会在不知不觉中陷入一种恶习。倘若连我们自己都不清楚这种习惯的性质，是一件很危险的事情，因为你不清楚这种习惯会为你带来什么，只得循着它光鲜的外表探索、寻觅，最终越陷越深，失去对事件的主动权。而当我们看透了事件的眉目、洞悉了事件的本质却赫然发现，我们已经陷入了永无止境的漩涡中，试图折回却走投无路。因为我们已经被这种恶习所迷惑，这种恶习已经在潜意识中生根，整个思维方式都会被这种恶习所影响，从而麻痹我们的思想，误导我们的价值观，使我们丧失对事件的判断力，难以理性地处理问题，甚至还会失去对自我的掌控。这将对我们的人生产生巨大的破坏。

　　所以，习惯是需要辨别和选择的，养成坏习惯则会使人的思想受到影响，而养成好习惯则可以帮助我们实现很多愿望。

　　习惯一旦在潜意识中扎根，就像一棵不断生长的树，根基越雄厚，就越难以撼动。

　　有这样一个故事。

　　一天，一位睿智的教师与他年轻的学生一起在树林里散步。教师突然停了下来，并仔细看着身边的4株植物。第一株植物是一棵刚刚冒出土的幼苗；第二株植物已经算得上挺拔的小树苗了，它的根牢牢地扎进肥沃的土壤中；第三株植物已然枝叶茂盛，差不多与年轻学生一样高大了；

207

潜意识好比船上的自动导航系统，只要不修改自控程序，它就自动地按照原设定的程序控制船只的航行。

第四株植物是一棵巨大的橡树，年轻学生几乎看不到它的树冠。

老师指着第一株植物对他的年轻学生说："把它拔起来。"年轻学生用手指轻松地拔出了幼苗。

"现在，拔出第二株植物。"

年轻学生听从老师的吩咐，略加力量，便将树苗连根拔起。

"好了，现在，拔出第三株植物。"

年轻学生先用一只手进行了尝试，然后改用双手使出全劲儿。最后，树木终于倒在了筋疲力尽的年轻学生的脚下。

"好的"，老教师接着说道，"去试一试那棵橡树吧。"

年轻学生抬头看了看眼前巨大的橡树，想了想自己刚才拔第三棵树时已然筋疲力尽，所以他拒绝了教师的提议，甚至没有去做任何尝试。

这些植物，如同我们的习惯，对于坏习惯我们要尽量早点拔除，不要等它们长成参天大树时才想到去除掉它，那时候要付出的代价会大得多，甚至你根本没有信心去尝试除掉它。好习惯同样也是如此，一旦养成了，便会如同健壮的大树，牢固而忠诚。在习惯由幼苗不断长成参天大树的过程中，它被重复的次数越来越多，存在的时间也越来越长，越来越难以改变。

所有的习惯都是可以选择的，我们应该尽量选择好习惯，避免坏习惯给我们的生活和人生带来不良影响。

4.有意识地不断重复就会成为习惯

任何一种行为只要有意识地不断重复，就会进入潜意识，当我们多次遇到同样或者类似的事情的时候，潜意识就会慢慢形成相应的程序，最终成为一种习惯。

比如在吃饭的时候，一般人都是用右手拿筷子。为什么会这样呢？因为那些人从小到大都是用右手拿筷子，已经养成了习惯，人是按照习惯来办事的。假如那些人在吃饭的时候，突然改用左手拿筷子，会有什么样的感受呢？当然会觉得不舒服，挺别扭的，这说明改变习惯是一个不舒服的过程。

但如果那些人每天都用左手拿筷子吃饭，坚持一个月，一个月后他们就不再那么别扭，会稍微习惯一点，三个月后，就习惯成自然了。

改变习惯虽然是一个不舒服的过程，但有时却是很必要的。如果你对自己不满，那往往不是因为不习惯于你的现状，而是不习惯于改变你的固有习惯。但是，习惯令我们安逸，也令我们平庸和沉沦；改变习惯，预示着风险，但也预示着希望与机会。如果你能将好的思维方式、好

有的习惯往往披着华丽的外衣，蛊惑着我们的辨别力，当我们被它亮丽的外表所吸引，甚至于痴迷于它的伪装，就会在不知不觉中陷入一种恶习。

的行为、好的工作方式变成习惯，那么你就容易获得成功与快乐的人生。

习惯的改变和养成都需要一个不断重复的过程。习惯的形成大致分三个阶段。

第一阶段1～7天左右。此阶段的特征是"刻意，不自然"。你需要十分刻意提醒自己改变，而你也会觉得有些不自然、不舒服。

第二阶段7～21天左右。继续重复，跨入第二阶段。此阶段的特征是"刻意，自然"。你已经觉得比较自然、比较舒服了，但是一不留意还会回复到从前。因此，你还需要重复。

第三阶段：21～90天左右。此阶段的特征是"不经意，自然"，其实这就是习惯。这一阶段被称为"习惯性的稳定期"。一旦跨入这个阶段，可以说这一习惯就成为其潜意识的一个重要有机组成部分，它会自然而然地不停地为人们"效劳"。

心理学家所做的实验结果表明：21天以上的重复会形成习惯；90天的重复会形成稳定的习惯。即同一个动作，重复21天就会变成习惯性的动作；同样道理，任何一个想法，重复21天，或者重复验证21次，就会变成习惯性想法。所以，一个观念如果被自己验证了21次以上，它一定已经变成了你的信念。

但需要注意的是，"21"也并不是一个那么神奇的数字。不同习惯的改变花费的时间也不尽相同。越早（尤其是在儿童时期）形成的习惯，形成的时间越长（重复的次数越多）的习惯，越难改变。比如，你每天早晨上班走的路，可能就不需要花费21天的时间去改变。而一个人很小的时候便养成了咬手指甲的坏习惯，一直到二十几岁这一坏习惯仍然没有改掉，要改掉这个长期以来的习惯可能需要花费更长的时间，也许比90天还长。

成功，就是简单的事情反复地做。之所以有人改不掉坏习惯，不是他做不到，而是他不愿意去做那些简单而重复的事情。

实际上，显意识转变为潜意识的过程就是从刻意到自觉再到习惯的改变，也就是形成习惯的过程。只要我们坚持到一定程度，习惯的力量就会慢慢显现。习惯渐成自然，在新一轮的回合中，这些新的行动又渐渐变成了自然轻松的习惯，继而成为潜意识。这样，我们的心智就可以得到提升，进一步投入到其他的新行动之中。

这里要注意的是，在决定改掉某个习惯时，最好能从小处入手。不断地重复积累会积少成多、稳步改进，最终能形成巨大的改变。

211

改变习惯虽然是一个不舒服的过程，但有时却是很必要的。

5.找出习惯被改变后能够得到的回报

你试过从小孩手里夺过玩具吗？不容易。那么你试过用其他玩具来换吗？这就对了!如果新玩具够有趣，旧的自然就能从他手里拿走了。

改掉旧习惯也要如此，旧习惯相当于潜意识默认的事情，如果要对默认的事情做出改变，需要有新的东西补偿你所丧失的，以提供动力和信心。

伦敦大学威康信托中心的神经影像研究人员建立了一套电脑辅助决策的实验。参加者被要求观看一系列视频测试短片，他们必须扮演体育裁判并做出裁决（例如，一个球是落在界内还是弹出界外）。

在每次测试之前，参加者被告知，其中一个答复（界内或界外）是"这一轮默认的"。要求他们在观看视频时，手按在键上，不抬手就是选择默认，一抬手就是选择非默认。重要的是，每一轮视频测试之间，默认响应被随机切换，使参与者的反应偏差（选界内或界外）不会与保持现状的倾向互相混淆。

正如研究人员预测的那样，当球落的地点难以辨别时，无论默认是什么，参加者更愿意选用默认。如果他们做不出一个自信的选择，只好什么都不做。

当参与者做选择时，他们的头脑里发生了什么？研究人员对大脑活动的分析表明，选择"非默认"时，需要一些额外的动机和信心。

知道这一点，也可以帮助我们从另一个角度解释为什么改变旧习惯常常很困难。如果你不知道为什么要改变，或者不知道你的做法是否有效，不能完全相信你正在做出正确的选择，那么，你很可能会回到你原来的自动行为模式。

在很长一段时间里，人们喜欢用"改掉坏习惯"这样一个词。但是，很少有人对"改掉"这个动词做更详细的解释。**习惯是受潜意识控制的，它的更迭有它内在的规律。如果你不想要某种习惯，那只是显意识的愿望，潜意识未必同意。**

无论习惯的好坏，你的每一个习惯都是迎合需求的。如果你突然改变其中的一个"坏"习惯，你便会丧失以前这个"坏"习惯所带来的好处。潜意识就像一个小孩，而旧习惯就像小孩手里的玩具，要想把旧玩具从他手里拿开，最好用新的玩具去做交换，而且这个新玩具要比旧玩具好。

因此，当你试图对某一"默认模式"（习惯）做出改变时，先找出成功改变习惯后能够得到的回报，让自己清楚地了解到新习惯有什么优点，会带来什么好处。然后，不断想象已经拥有了新习惯之后的状态，让自己一有时间就沉浸于这样的想象，以便潜意识接受这些信息，从而让自己的想象逐步地变为自己能够习惯的事实。

213

6.要调整习惯，你必须认定需要这样做

成功，就是简单的事情反复地做。之所以有人改不掉坏习惯，不是他做不到，而是他不愿意去做那些简单而重复的事情。

我们知道，潜意识的一个重要特点就是：它没有判断力，也没有推理能力，只有执行能力，而且是超强的执行能力。也就是说，潜意识不推理、不判断，只听从显意识。显意识是潜意识的守门人，不论对与错，真与假，显意识告诉潜意识什么，潜意识就相信什么，并且执行什么。

所以，要调整习惯，你必须认定需要这样做，只有你的显意识相信了，才能告诉潜意识你确实需要这样做，然后，潜意识才能为你调整习惯。

人的行为习惯是由潜意识执行出来的，而潜意识如何执行，与信心有很大关系。如果你认定的行为或观念正确，那么你的潜意识执行出来的结果就是良好的习惯；如果你认定的行为或观念不正确，那么你的潜意识执行出来的结果自然是不良习惯。

信心是一种特别情绪，只要人的显意识相信了什么，潜意识就自动通过人的情绪导入到自己的日常工作生活的行动之中。

比如在你认定真的很喜欢一个女孩子的思想意识下，此时潜意识就会寻找一切可以寻找的机会去向这个女孩子表达爱意；而如果你的显意识对这个女孩子缺乏信心时，潜意识就会终止执行你的行为意向了。

对习惯的调整也是如此。若一个人在心里老是不停地嘀咕："这个习惯无关大碍吧？不改也不要紧吧？"很难想象，他会改掉这个习惯；相反，若一个人在心底深处认定自己确实需要改变一个习惯，那他就能改掉这习惯。

潜意识一旦接受了一个想法，它就开始执行。那么我们只要认定需要这样做，把这种信心和信念传递给潜意识，就可以改变自己的习惯了。

认定是一种信心，一种信念，甚至是一种信仰。它不允许怀疑，是一种无条件从心灵深处的相信，就好像你要相信太阳会发光那样。

太阳会发光吗？当然会。就这样坚定不移认定自己需要调整某种习惯，那么就没有什么习惯是无法改变或无法养成的。

但是请不要认定得太多，一次只要认定一样就行了，多了就会三心二意。欲望太多导致精神意识集中不了，此时，意志力量将会消耗分散，最终无果而终。所以，调整习惯还需要调动聚焦的力量。

关于聚焦的威力，我们可以用光线聚焦的例子来类比说明。

我们都知道，漫射的光线谈不上什么威力。但是，通过聚焦后，却可以获得巨大的能量。太阳光线通过放大镜后，聚焦的光线完全可以点燃纸张或干草。进一步聚焦光线，例如激光光束的聚焦，它的威力甚至可以切断钢铁。

在调整习惯方面，聚焦的威力同样巨大。集中我们的显意识，一次只认定一个需要调整的习惯，我们将获得对潜意识"编程"的强大能量。一次调整多个习惯的企图，势必分散我们的精力，并彻底毁掉我们调整习惯的能力。

在开始试着改变习惯的时候，我们往往会觉得极其困难。但是，只要你坚定信心，不断重复，就一定能成功。一旦成功地改掉第一个习惯，你会对自己更加有信心，以后改掉其他的习惯就将变得越来越容易。事实上，随着一个个坏习惯被好习惯逐个取代，我们将变得越来越善于改变自己的习惯。也就是说，我们已经在开始养成"改掉坏习惯"的习惯。一旦这样的习惯养成，我们便会像一列运动着无法停止脚步的火车那样，推动我们实现自己的理想。

215

太阳会发光吗？当然会。就这样坚定不移认定自己需要调整某种习惯，那么就没有什么习惯是无法改变或无法养成的。

7.运用积极的心理暗示调整习惯

习惯的养成受各种因素的影响，最重要的是与心理暗示有着极高的关联度。

环境造人。这句话非常重要。其实周围的环境，时时刻刻都在通过暗示影响着人的潜意识，塑造着人的习惯。

从我们懂事时起，潜意识无时无刻不遭到各种信息的狂轰滥炸，其中许多信息都告诉我们：这是好的东西，能让我们放松，给我们信心和勇气。比如看电影、电视剧时，如果一个人失恋了，他的身边便是一地烟头。我们的潜意识就在接受暗示：在恰当的时机点上一支烟是一种享受或解脱。

所以，我们必须学会辨别周围环境的暗示。其实，每个人都知道吸烟有害健康，这种判断是由显意识做出来的，也就是说人的显意识对香烟是反对的，是不需要烟的。那么是谁需要烟呢？是我们的潜意识。但人们一般情况下想要戒烟的决定都是由本来就不需要香烟的"显意识"做出来的，而真正需要烟的"潜意识"并没有同意戒烟，因此在戒烟的过程中潜意识就会出来捣乱，所以戒烟往往以失败告终。这也就是说，要想戒烟必须首先说服自己的潜意识，使潜意识自觉地响应戒烟的倡议，这样烟就很容易戒掉了。

明白了这个道理，在戒烟时就要和潜意识对话，进行积极的自我暗示，暗示自己吸烟已经使我的健康受到了影响，我要戒烟了，想象戒烟后自己的健康在改善，口气也变得清新。每天进行这样的暗示，使潜意识建立起新的习惯模式。

潜意识把接收到的所有暗示都看成是正确的，接着，它立刻就在此基础上进行处理，开始它浩大的工程。显意识提供的暗示，既可能是正确的，也可能是错误的。如果是前者，就能养成好习惯；而如果是后者，则会养成坏习惯。

苏联一位天才演员N.H.毕甫佐夫，平时老是口吃，但是当他演出时却克服了这个习惯。他所用的办法就是利用积极的自我暗示，暗示自己在舞台上讲话和做动作的不是他，而完全是另一个人——剧中的角色，这个人是不口吃的。结果，他克服了口吃的习惯。

潜意识不会争辩驳难。因此，如果它接受了错误的暗示而使你养成了不好的习惯，改变这些习惯的稳妥办法，就是利用强大的积极的暗示，不断重复，迫使潜意识接受。科学家研究发现，我们的潜意识只能在同一时间内主导一种感觉，用一个积极正面的暗示反复地灌输给潜意识，原来的信息就会慢慢地衰弱、萎缩，新的信息就会占上风，最终形成新的、健康的习惯。

进行积极的心理暗示有很多方式，你可以用积极的词语不断地说给自己听，或者把你要养成的习惯做成纸条贴

217

环境造人。这句话非常重要。其实周围的环境，时时刻刻都在通过暗示影响着人的潜意识，塑造着人的习惯。

在床头、卫生间的镜子上、电脑显示器边沿，也可以请亲人和朋友监督和鼓励自己。

用自我催眠的方式更加有效，因为这是和潜意识的一种直接对话方式。所以，如果你想要摒弃一个坏习惯的话，可以选择一个舒适的姿势，放松身体，做深呼吸，然后让自己缓缓进入昏昏欲睡的状态。这种状态允许你忽略自己的意识并且直接给你的潜意识灌输一种积极的暗示。

自我催眠之前要准备好一个脚本。这个脚本是指引你改变坏习惯或养成好习惯的积极暗示。注意，脚本当中要用正面肯定的语言，不要用否定的语言，因为潜意识不懂得否定。

达到催眠状态时，反复念诵你的脚本，给你的潜意识展现改变习惯的积极信息。

每天早晨或者晚上，花5~10分钟重复这种自我催眠，潜意识就能很快接受这些积极的暗示，随之而来的是坏习惯被彻底地抛弃。

第8章 怎样运用潜意识拥有快乐人生

人生在世，谁都希望生活得快快乐乐，成功的人生是一次快乐的旅行。真正的快乐是生命本性的自然流露，来源于自己精神的内部，取决于自己的潜意识，只要学会了运用潜意识的规律，我们会发现，没有任何人、任何事情能让快乐远离我们。

1.思想决定我们的生活

潜意识决定心情、行为、语言、梦境等。你可以决定你的潜意识，关键就是要控制你的思想。

你在想些什么，你就会变成怎样的一个人，因为每个人的特性，都是由思想造成的，我们的命运，完全决定于我们的心理状态。因此，我们所必须面对的最大问题——事实上，几乎可以算是我们需要应付的唯一问题——就是如何选择正确的思想。如果我们能做到这一点，就可以解决所有的问题。曾经统治罗马帝国的伟大哲学家马尔卡斯·阿理流士，把这些总结成一句话——决定你命运的一句话："生活是由思想造成的。"

思想是支配和决定性格、职业，甚至是日常生活的力量。因此思想可以成就一个人也可以毁灭一个人。没有了思想之原动力的生成，就不可能有任何行为或反应。所以，有人说"播种什么，收获什么。"莎士比亚也说过："事情本无好与坏，全在自己怎么想。"

洞灵子在《薄白学》中指出：世界有一种要得便得、要失便失的东西，此即是情感。例如幸福，你觉得幸福，你便幸福；你觉得痛苦，你便痛苦。愁绪与快乐、紧张与轻松、爱与恨、幸福与苦闷等对应之情感，仍是可以"按需分配"，要之有之，要多少有多少。在心理情绪上，南宋陆象山的名句"吾心便是宇宙，宇宙便是吾心"即是印证。这段话的涵义是什么呢？一句话，"快乐来自于思想。"这句话虽然简单，但它真的可以让我们变成我们想要的样子。

当公司机构重组的时候，李馨和刘佩佩从熟悉的岗位转到从来没有接触过的工作。

李馨觉得简直倒霉透顶了，为什么偏偏是她而不是别人来做这份陌生的新工作，她宁愿少些收入而待在原来的工作岗位。对于新工作她很抵触，天天皱着眉头，想着万一自己不适合就干脆辞职。同样的情况下，刘佩佩却每天都很快乐地开始适应新工作了。

李馨和刘佩佩聊天的时候问起这件事，刘佩佩说开始她也很抵触，希望留在原来的部门，但她很快想到新职位也不错，反正在这个岗位干了已经三年了，有了些职业疲惫感，换个新岗位就当是有了一个新工作了，这感觉多棒！所以她对新工作充满了新鲜感，每天都觉得很快乐。

李馨听了她的话，觉得很有道理，慢慢地，她也转变了想法，开始愉快地适应新的工作。不久，两人都获得了提升。

积极的思想是快乐的起点，它能激发我们的潜能，让自己愉快地接受意想不到的任务，接纳意想不到的变化，宽容意想不到的冒犯，做好想做又不敢做的事，获得他人

潜意识决定心情、行为、语言、梦境等。你可以决定你的潜意识，关键就是要控制你的思想。

所企望的发展机遇，我们自然也就会超越他人。而如果选择了消极的思想，就会像一个要长途跋涉的人背着无用的沉重大包袱一样，这样使我们看不到希望，对唾手可得的机遇视而不见。

潜意识最容易接收与情感有关的资讯。我们之所以郁郁寡欢，就是因为自己在跟自己过不去，让一些消极的思想和情感左右潜意识，让自己生活在痛苦之中。

的确，如果我们想的都是快乐的事情，潜意识接收到之后，我们就能快乐；如果我们想的都是悲伤的事情，潜意识也能接收到，我们必然会悲伤。同样的道理，如果我们想到一些可怕的情况，我们就会害怕；如果我们总有不好的念头，我们恐怕就不会安心了；如果我们想的净是失败，我们就会失败；如果我们沉浸在自怜里，别人可能就会有意躲开我们。

成为快乐或不幸的人全在于自己的抉择。没有人与生俱来就有好的心境或不好的心境，是我们自己决定要以何种心境看待我们的环境和人生。即使面临各种困境，如果能灵活运用潜意识的原理，选择用积极的思想考虑问题，我们的生命中就会多一些快乐，少一些烦恼。

2.把忧虑的阴云赶出心灵

有不少人整天自寻烦恼，自己给自己套上枷锁，从而搞得自己疲惫不堪。好多人都这样假设：假如变成这样要怎么办？假如变成那样又会如何？这样做会不会变得更差呢？

忧虑其实只是一种表面现象，它是潜意识思考后的结果。潜意识思考就是人类大脑内部的超高速图像化思考，潜意识思考的速度就是一瞬间，是在不知不觉中运行的。

当潜意识想到了一些会令你感到忧虑的事，便开始出现心理学上所谓的"强迫思想"，开始长时间地思考某事，并为之忧虑，接着便表现出忧虑的行为。

丽娜是一个成天无故担忧、自寻烦恼的人，从小她便是如此，常常杞人忧天。出门总担心自己会不会穿得太邋遢？对方会不会看轻自己？结了婚，有了小孩，她的毛病更是变本加厉，成天担心她的小孩是不是生病了？会不会平安成长？

这是很常见的。实际上，杞人忧天人不在少数。普通人经常受到这种忧虑的困扰，一些成功人士也不能幸免。

223

潜意识最容易接收与情感有关的资讯。我们之所以郁郁寡欢，就是因为自己在跟自己过不去，让一些消极的思想和情感左右潜意识，让自己生活在痛苦之中。

成功学大师拿破仑·希尔少年时就曾饱受"臆想"忧虑的折磨。

拿破仑·希尔的儿童时代是在密苏里州的农场里度过的。有一天，在帮母亲摘樱桃的时候，他哭了起来。妈妈说："希尔，你到底在哭什么？"他哽咽地回答道："我怕我会被活埋。"

那时候拿破仑·希尔心里总是充满了忧虑。暴风雨来的时候，他担心被闪电击中；日子不好过的时候，他担心东西不够吃；另外，他还怕死了之后会进地狱；他怕一个比他大的名叫山姆·怀特的男孩会像威胁他的那样割下他的两只大耳朵；他怕女孩子在他脱帽向她们鞠躬的时候取笑他；他怕将来没一个女孩子肯嫁给他；他还为结婚之后他该对他太太说的第一句话是什么而操心，他想象他们会在一间乡下的教堂里结婚，会坐着一辆上面垂着流苏的马车回到农庄……可是在回农庄的路上，他怎么能够一直不停地跟她谈话呢？他该怎么办呢？他在犁田的时候，常常花几个小时想这些"惊天动地"的"大问题"。

日子一年年过去了，拿破仑·希尔渐渐发现，他所担心的事情中，有百分之九十九的根本就不会发生。比方说，像他以前很怕闪电。可是后来他知道，他被闪电击中的概率大约只有35万分之一。怕被活埋的恐惧更是荒谬——即使是在发明木乃伊以前的那些古老时代——在1000万个人里可能只有一个人被活埋，可是他以前却曾经因为害怕此事而哭过。

可能你会觉得拿破仑·希尔小时候的忧虑过于荒谬可笑，可是我们很多成年人的忧虑，也几乎一样的荒谬。

其实一个人的忧虑都是在潜意识的思考中虚构的。如果根据平均法则考虑一下人们的忧虑究竟值不值得，可以发现，人们忧虑中有百分之九十可以消除。

有一个心理学家作了一个很有意思的实验。

他要求一群实验者在周日晚上把未来7天会忧虑的事情都写下来，然后投入一个大型的"忧虑箱"。第三周的星期日，他在实验者面前打开这个箱子，与成员逐一核对每项"忧虑"，结果发现，其中百分之九十的担忧并没有真正发生。

接着，他又要求大家把那些真正发生的百分之十的"忧虑"重新丢入纸箱中，等过了三周，再来寻找解决之道。结果到了那一天，开箱后，发现剩下的百分之十的忧虑已经不再是那些实验者的忧虑了，因为他们都有能力对付。

225

自我催眠之前要准备好一个脚本。这个脚本是指引你改变坏习惯或养成好习惯的积极暗示。注意，脚本当中要用正面肯定的语言，不要用否定的语言，因为潜意识不懂得否定。

可见，太多的忧虑其实并不值得忧虑。当你回顾过去的岁月，你会完全同意这句话。所以，当你被忧虑所困扰的时候，不妨计算一下事情发生的概率，查查记录，自问，自己所担心的这件事情到底有多少机会发生，如果掌握了这一点，你就不会再被忧虑所困扰了。

现实生活中并没有那么多的事值得忧虑，我们完全没必要整天生活在忧虑中。自寻烦恼有百害而无一利，再怎么样的忧虑都无法解决任何问题，只会让自己心情不好，想法更消极而已。**烦恼的想法会在不经意间渗入到潜意识，使我们不由自主地陷入到更多的纠葛中，搞得整个人心神不宁。**

在这个自由的社会中，没有人能够使我们忧虑，能使我们忧虑的只有自己的心。我们应该学会把忧虑的阴云赶出心灵，让内心一直都保持着明朗、愉快、积极的状态。

3.别总从坏的一面看问题

总从坏的一面看问题，就等于往潜意识输入消极悲观的信息。我们知道，潜意识是不分好坏的，当它接收到之后，会让你被忧虑侵蚀。因此，我们一定要战胜这种不好的思考方式。

一场大水冲垮了女人家的泥屋，家具和衣物也都被卷走了。洪水退去后，她坐在一堆木料上哭了起来：为什么她这么不幸？以后该住在哪儿呢？

镇里的表姐带了东西来看她，她又忍不住跟表姐哭诉了一番，没想到表姐非但没有安慰她，还斥责起她来："有什么好伤心的？泥房子本来就不结实，你先租个房子住段时间，再盖砖瓦的不就好了！"

故事中的女人就是生活中的悲观者的代表，他们遇事总是拼命往坏的一面想，自找烦恼，死钻牛角尖，不问自己得到了什么，只看自己失去了多少，结果情况越来越糟糕，心情越来越低落。其实，任何事情都有坏的一面和好的一面，如果能从积极的方面看问题、想办法，那么就会得到一个截然不同的结果，做起事来也就会更加得心应手。

有这样一则民间故事：

有位秀才第二次进京赶考，住在一家以前住过的店里。考试前一天他接连做了两个梦：第一个梦是梦到自己在墙上种高粱；第二个梦是下雨天，他戴了斗笠还打伞。

这两个梦似乎有些深意，秀才第二天就赶紧去找算命的解梦。算命的一听，连拍大腿说："你还是回家吧，你想想，高墙上种高粱不是白费劲吗？戴斗笠还打雨伞不是多此一举吗？"秀才一听，心灰意冷，回店收拾包袱准备回家。

店老板非常奇怪，问："不是明天才考试吗，你怎么今天就回乡了？"秀才如此这般解说了一番，店老板乐了："咳，我也会解梦的。我倒觉得，你这次一定要留下来。你想想，墙上种高粱不是高种(中)吗？戴斗笠打伞不是说明你这次是有备无患吗？"秀才一听，觉得店老板的话比算命的话更有道理，于是精神振奋地参加考试，居然中了个榜眼。

角度不同，心情就大不一样。对事物只看坏的一面，总能找到消极的解释，潜意识随之也将让你得到消极的结

227

烦恼的想法会在不经意间渗入到潜意识，使我们不由自主地陷入到更多的纠葛中，搞得整个人心神不宁。

果。**而如果从好的方面考虑问题，潜意识则会调动自身的力量，让你得到积极的结果。**

仔细回想一下，生活中发生在自己身上及身边的这类事还少吗？或者你正为工作的不顺利而万分烦恼，觉得前途黯淡，但如果能想想还有很多人在为拥有工作的机会而四处奔忙的时候，你是否觉得自己拥有工作也是快乐的？或者你正在因为你的贫穷而苦恼忧愁，但某些富裕的人或许正在羡慕你所拥有的平淡而朴实的快乐。其实，很多的好事就在身边，只是被自己忽略了。

一位哲学家不小心掉进了水里，被救上岸后，他说出的第一句话是：呼吸是一件多么幸福的事。

空气，我们看不到，也很少人想看到。但失去了它，你才发现，我们不能没有它。后来，那位哲学家活了整整100岁。临终前，他微笑着宁静地重复那句话：呼吸是一件幸福的事。换句话说，活着是一件幸福的事。

我们每个人都有自己的生活，都有选择精彩人生的机会，关键在于你的想法是否总是朝向积极的一面。如果你是个懂得潜意识规律的人，你就不会因为失去一部分就感觉失去了整个世界。人生没有绝对的苦乐，只要凡事肯向好处想，自然能够以苦为乐、化繁为简、转危为安。

从坏的一面看事情，是很危险的。它会使潜意识调动一切因素抑制你的快乐，让你被烦恼侵蚀，彻底扰乱你的生活。所以，不管遇到多少困难，我们应尽量找出其中的光明面。这样，不论处境有多难，都会转好!不然，只会让自己一直陷在苦恼之中。

4.把注意力集中在好事上

我们生活中大概百分之九十的部分都进行得很顺利，只有百分之十是有问题的，如果我们想要快乐，只需集中注意力在那百分之九十的好事上，不去看那百分之十就可以了。因为这样可以让你的潜意识接收到的都是积极的信息。如果我们想要担忧，想要难过，我们只要集中精神去想那百分之十的坏事，而不管那百分之九十的好事。

哈罗·艾伯特在韦伯城开过两年的杂货店，在那两年里，他不但赔光了所有的积蓄，而且还借了债，花了7年的时间才还清。

艾伯特又开了一家杂货店，但刚开了一个礼拜就关了门，这时他准备到工矿银行去借点钱，以便到堪萨斯城去找一份差事。艾伯特在路上走着，看上去就像一个一败涂地的人那样无精打采。突然之间，看见迎面来了一个没有腿的人，坐在一个小小的木头平台上，下面装着从溜冰鞋上折下来的轮子，两手各抓一块木头，撑着地让自己滑过街来。艾伯特看到那个人的时候，两人的眼光遇个正着。

229

角度不同，心情就大不一样。对事物只看坏的一面，总能找到消极的解释，潜意识随之也将让你得到消极的结果。而如果从好的方面考虑问题，潜意识则会调动自身的力量，让你得到积极的结果。

那个人对艾伯特咧嘴笑了一笑，并且对他说："你早啊先生，早上天气真好，是不是？"

艾伯特看着眼前的景象，突然发现自己原来那么富有。

他对自己说：失去两腿的人都能做到的事，当然我也能做到。他立刻挺了自己的胸膛。本来只是想去向工矿银行借100美金的，可是现在他有勇气借200美金。本来他打算到堪萨斯城去试试看能否找份差事的，但是，他现在相信自己能够在这里就做好一份工作。

230

曾经有一篇报道：

一个军官在关达坎诺受了伤，喉部被碎弹片击中，输了7次血，他写了一张纸条给他的医生，问道："我能活下去吗？"医生回答说："可以的。"他又另外写了一张纸条问道："我还能不能说话？"医生又回答他说可以的。然后他再写一张纸条说："那我还得担心什么？"医生回答："你为什么不问自己：'那我还有什么好担心的？'"

我们每一天，每小时，都能得到"快乐医生"的免费服务，只要我们能把注意力集中在我们所拥有的那么多令人难以置信的"财富"上——那些"财富"远超过阿里巴巴的珍宝。你愿意把你的两只眼睛卖1亿美金吗？你肯把你的两条腿卖多少钱呢？还有你的两只手、你的听觉、你的家庭？把你所有的资产加在一起，你就会发现你现在所拥有的一切绝不愿就此卖掉，即使把世界上所有的黄金都加在一起来交换也不卖。

可是我们能否满足于这些"财富"呢？很多人是不能的。就像叔本华说的："我们很少想我们已经拥有的，而总是想到我们所没有的。"

想象的痛苦可能比历史上所有的战争和疾病来得多。因为你调动了潜意识，让它使你尽量痛苦。

约翰生曾说过："能养成习惯看每件事最好的一面，真是千金不换的珍宝。"

说这句话的人可不是幸运相随的乐观主义者，事实上，他二十几年来深受焦虑、饥饿、穷困之苦，终于蜕化成为当时最著名的作家与评论家。

罗根·史密斯的一句话中包含了许多智慧："**人生有两项主要目标，第一，拥有你所向往的；然后，享受它们。只有最具智慧的人才能做到第二点。**"

《我要看!》的作者达尔，是一位几近失明五十年的妇人。她在《我要看!》这本书里写道："我仅存的一只眼上布满了斑点，所有的视力只靠左侧一点点小孔。我看书时，必须把书举到脸面前，并尽可能靠近我左眼左侧的仅存的视力区域。"

但是她并不打算接受怜悯，也不想享受特别的待遇。小时候，她想和小朋友一起玩游戏，可是看不到任何记号，等到其他小朋友都回家了，她才趴在地上辨识那些记号。她把地上划的线完全熟记后，成为玩这个游戏的佼佼者。她在家自修，拿着放大的字体的书，靠近脸，近得睫

231

我们每一天，每小时，都能得到"快乐医生"的免费服务，只要我们能把注意力集中在我们所拥有的那么多令人难以置信的"财富"上——那些"财富"远超过阿里巴巴的珍宝。

毛都刷得到书页。她修得两个学位：明尼苏达大学的学士及哥伦比亚大学的硕士。

她开始在明尼苏达州一个小村庄上教书，到后来却成为南达柯达州一个学院的新闻文学教授。她在当地任教十三年，并常在妇女俱乐部演讲，上电台节目谈书籍与作者。她在书中写道："在我内心深处，始终不能祛除完全失明的恐惧。为了克服这一点，我只有对人生采取开心甚至天真的态度。"

1943年，她已经五十二岁，却发生了一项奇迹：极负盛名的梅育医院的一项手术，使她恢复了比以前好四十倍的视力。

一个全新的令人振奋的世界展开在她的眼前。即使在水槽边洗碗也是一件令她兴奋的事。她写道：

"我把手伸进去，抓起一大把小小的肥皂泡沫，我把它迎着光举起来。在每一个肥泡沫里，我都能看到一道小小的彩虹闪出来的明亮色彩。"

我们应该感到惭愧，我们这么多年来每天生活在一个美丽的童话王国里，可是我们却视而不见。

多算算你的得意事——而不去点数你的烦恼，你就能变得更开心。因为对于外在的信息，潜意识根本不会像意识那样采取复杂的推理步骤。把注意力集中在好事上，让传递到潜意识的信息都是积极的，你的心中必然充满快乐。

5.不断地暗示自己是快乐的

每个人随时随地都在接受各种暗示，而暗示有积极的也有消极的。积极性的暗示，能够给潜意识输送积极的信息，这种信息反复次数多了，潜意识就会接受，产生积极的心态。而消极的暗示，则会给潜意识输送消极的信息，这种信息重复次数多了，就会形成消极的心态。

不同的人面对同一件事情的时候，往往会产生不同的想法。比如同样发生了意外事件，有人开始大声抱怨：太糟了！而有些人不过耸耸肩觉得：还好，还不算太坏。你会以为这是一个乐观的人和一个悲观的人的区别，其实所谓的乐观和悲观都是这样一件一件小事连续起来对人的长期影响形成的循环，如果一个人总是给自己良好的心理暗示，长此以往，这些"想法"悄悄潜入人的潜意识之中，在人毫无知觉的情况下变成一个达观而快乐的人；而长期不良的心理暗示也会悄悄进入潜意识，人的情绪会越来越差，越来越悲观。

心理学家马尔兹说："我们的神经系统是很'蠢'的，你用肉眼看到一件喜悦的事，它会做出喜悦的反应；

233

不论多久以前形成的情绪，如没有得到有效的释放、清除和化解，都将会对现实生活产生各种各样的影响和作用。

看到忧愁的事，它会做出忧愁的反应。"他所说的"神经系统"，实际上我们可以理解为潜意识。当你想象快乐的事，就相当于给潜意识输入积极的暗示，潜意识会令你处在一个快乐的心态。

也许有时候我们真的很不快乐，但是我们也不能一直这样下去，任由不良情绪奴役我们，此时我们不妨进行积极的心理暗示。

比如，"在我生活的每一方面，都一天天变得更美好""我的心情愉快""我要天天快乐"等，语句简洁有力，不要含糊。你若能做到随时随地，暗示自己"天天快乐"，其效果会是很明显的。

同时，还要排除他人对你的消极暗示。有个女孩挺招同事们喜欢的，但有一次她和一个人吵架了，对方就说"你做人太差劲了，你以为大家真的喜欢你吗？"结果她从此一蹶不振，对同事们的态度也大变，大家真的不再喜欢她了。

多么可怕的消极暗示！在生活中，永远记住，只有你才是自己生命的主宰，千万不要被别人的评价所影响。我们要经常定期地检视一下别人对你的消极、否定的暗示，不要因为别人提出了具有破坏性的暗示，而受到影响。

如果你回顾一下，很容易地就会记起父母、朋友、亲戚、老师，以及所接触的人在消极、不好的暗示方面，对你大量的灌输。研究一下他们对你所说的事情，你会发现，其中一些只是虚言而已，其目的只是为了控制你，或是把畏惧植入你的心灵。

别人的暗示本身绝对没有影响你的力量，它们之所以会有力量，完全是你自己的想法输送给它们的。只有当你沉湎于别人暗示给你的想法之中时，也只有当你在心中同意它们了，这样别人的暗示才转化为自我暗示进入潜意识。因此，最重要的是你的想法，而你怎样想则

完全在于你自己。

罗斯福总统的夫人，少女时很悲观，总是害怕人们的闲言碎语。她恐惧别人的批评，于是就去请教罗斯福总统的姐姐。罗斯福总统夫人说自己想做一些事情，但又怕别人批评。姐姐看着她说："只要相信自己做的是对的，就不要在意别人怎么说。"姐姐的这句话，成了她在白宫岁月中的支柱。

美国作家迪莫斯·泰勒干得更彻底。他在周日下午的电台音乐节目中做评论，有位女士写信称他为"骗子、叛徒、毒蛇和白痴"。泰勒在他的著作《人与音乐》提到这件事：他怀疑她可能是随意说说的，于是在下周的广播节目中，他向所有的听众读出了这封信。没过几天，他又收到了同一位女士的来信，坚持自己的想法，仍旧称泰勒为"骗子、叛徒、毒蛇和白痴"。而这一次，泰勒又在节目中谈到了这件事，后来就再也没有收到过类似的信件。

如果林肯总统没有学会不理会排山倒海般的各种攻击，他恐怕早就崩溃了。他应付恶意批评的方法已成为处理类似问题的经典。麦克阿瑟将军将这段话摆在了自己的办公桌上，丘吉尔也把它放在书房里，以警戒自己。林肯是这样说的："如果自己不对任何攻击作出反应，这件事只有到此为止。"

消极的暗示，无论是来自你自己的还是外界的，一旦

235

别人的暗示本身绝对没有影响你的力量，它们之所以会有力量，完全是你自己的想法输送给它们的。只有当你沉涵于别人暗示给你的想法之中时，也只有当你在心中同意它们了，这样别人的暗示才转化为自我暗示进入潜意识。因此，最重要的是你的想法，而你怎样想则完全在于你自己。

进入潜意识，就会使人沉浸在消极阴郁的心理状态之中。而善于积极主动地去改变这种消极的氛围，加一些积极的阳光的暗示到潜意识里面，慢慢地正面积极的思想就会占主导地位，原有的负面思想就会萎缩、剔除。

写一些激励自我的语句，悬挂在房间的墙上，并经常默念，能激发你的上进心，提高你的自信心，比如"只要生气一分钟，便丧失了60秒的快乐。""快乐是一种心境，跟财富、年龄与环境无关。"等等。也可以把选好的暗示语录下来，不断重复。

为了使效果更明显，要注意时间的选择。当我们的头脑处于半意识状态时，潜意识比较容易接受信息。早晚睡前醒后的时候，你可以躺在床上，每次花上几分钟，身体放松，进行一下自我心理谈话——用简短有力的语言给自己积极的暗示。

自我暗示要反复运用。美国心理学家威廉斯说："无论什么见解、计划、目的，只要以强烈的信念和期待进行多次反复地思考，那它必然会置于潜意识中，成为积极行动的源泉。"美国一位拳王每次回答记者的提问后，总忘不了说一句："我是最好的，我是最好的"就是一种积极的自我暗示，事实也许并非如此，但又有什么关系？

对自己进行积极的心理暗示，除了告诉自己快乐之外，还应该学会自我微笑。

人在充满信心时，满面春风，面带微笑。笑是人快乐的表现。经常微笑，内心就会自然滋长快乐的体验。不要对自己说，没什么值得笑的，或是不知道怎么笑。其实，只要你笑了，哪怕是假装地在笑，你的心情也会随着微笑而改变。

6.假装快乐，就会真的快乐

心理学家艾克曼的最新实验表明，一个人老是想象
自己进入某种情境，感受某种情绪，结果这种情绪就真的
会到来。一个故意装作愤怒的实验者，由于"角色"的影
响，他的心跳和体温会上升。心理研究的这个新发现证
明，潜意识会执行你的心情指令，无论这种心情是真实的
还是装出来的。

在心理学上有个术语，叫"假喜真干"，就是假装自
己喜欢，并且付出实际行动。美国著名教育家戴尔·卡耐
基提出："假如你'假装'对工作感兴趣，这态度往往就
使你的兴趣变成真的。这种态度还能减少疲劳、紧张和忧
虑。"

许多年来，心理学家都认为：除非人们能改变自己的
情绪，否则通常不会改变行为。我们常常逗眼泪汪汪的孩
子说："笑一笑呀。"如果孩子勉强地笑了笑之后，往往
跟着就真的开心起来了。

所以，即使你有时真的心情沮丧，你也可以选择强装
快乐，那么你可能就会奇迹般地快乐起来。因为潜意识是

237

人在充满信心
时，满面春风，面
带微笑。笑是人快
乐的表现。经常微
笑，内心就会自然
滋长快乐的体验。

不分真假的。

　　一名养路工在5年内先后经历过：儿子大学落榜、妻子患重病住院半年、家中被盗、在马路上工作时被汽车撞断胳膊……如此倒霉的经历，你可能会为他担忧，觉得他的日子已经没法过了。你绝对想不到他依然很快乐，每天都是笑呵呵的。

　　当大家问他怎么能保持每天快乐的时候，他说："其实，我很多时候的快乐的样子都是假装的。儿子大学落榜时，我很难过，但我知道，难过不能解决任何问题，所以我就假装快乐，我的妻子看到我乐观的样子也就慢慢放下心来，时间长了我们就真的不再去忧虑这事了；妻子住院期间，当时我忙前忙后，压力很大，但我还是告诉自己，你现在很快乐，我的笑容给了她很大的信心，她能够感到快乐，我觉得我更有了快乐的理由；家中被盗，的确损失不小，但我想还是开口笑吧，假装快乐会让我忘记这件不愉快的事情，我对自己说，不就是丢了一点东西吗？没什么大不了的，还是快快乐乐地忘记这件倒霉的事情吧；而胳膊被撞断后，我告诉自己，不管怎么说这件事还是值得快乐的，我可以趁这个时候好好休息休息……我不能垮掉，也不敢垮掉，我就假装快乐——后来我发现，假装快乐也可以让人感到真正的快乐！假装快乐不用花一分钱，但它们却能帮助我渡过许多难关……"

　　可见，情绪可以调适，心情也可以"伪装"，只要你随时提醒自己，鼓励自己，潜意识就能接收到信息，你就会常常有好情绪，坏情绪自然也不会常来打扰你。

假装快乐是一种快速调整情绪获得快乐的方法。心理学研究发现，人类身体和心理是互相影响、互相作用的整体。某种情绪会引发相应的肢体语言，比如愤怒时，我们会握紧拳头，呼吸急促，快乐时我们会嘴角上扬，面部肌肉放松。然而，肢体语言的改变同样会导致情绪的变化，当无法调整内心情绪时，你可以调整肢体语言，带动出你需要的情绪。比如你**强迫自己微笑，你就会发现内心开始涌动欢喜，所以假装快乐，你就会真的快乐起来，这就是身心互动原理。**

美国心理学家霍特举过一个例子：

有一天友人弗雷德感到意气消沉。他通常应付情绪低落的办法是避不见人，直到这种心情消散为止。但这天他要和上司举行重要会议，所以决定装出一副快乐的表情。他在会议上笑容可掬、谈笑风生、装成心情愉快而又和蔼可亲。令他惊奇的是：他不久就发现自己不再抑郁不振了。弗雷德并不知道，他无意中采用了潜意识不分真假的原理，装作有某种心情，往往能帮助我们真的获得这种感受。

239

强迫自己微笑，你就会发现内心开始涌动欢喜，所以假装快乐，你就会真的快乐起来，这就是身心互动原理。

7.情绪是潜意识的隐喻和提示

　　人的思想常常会受制于潜意识的影响，被情绪控制和左右。情绪影响着人的思想，而思想又主导着人的行为，行为产生结果，最终导致不同的生活与命运。当情绪与思想存在相反的想法时，情绪通常会战胜思想，做出许多违背自己意愿的事情。

　　人的每一次经历所形成的情绪都会以感觉的形式存在于潜意识中，当有类似的事情再次发生时，人们就会从潜意识中调出过去所经历的结果，而这种结果产生在对人起到保护作用尽量少受到伤害的同时，又对人的思想造成了障碍，使人执著在感观的世界中，对于当下的状况产生烦恼和痛苦等情绪。

　　情绪是思想的反映，是潜意识的隐喻和提示。同样的事情，由于每个人在潜意识中所存储的与这件事情相关的经历不同，因而所做出的反应也就会有很大的差异。

　　两千五百多年前的释迦牟尼在寻找人生痛苦的根源，以止息世人的痛苦时，领悟到，导致人类痛苦的根源就是人的情绪。因为不论是直接或间接的情绪都源自于自私，也就是说都与执著于自我有关。潜意识中的情绪虽然看似真实，但却不是本身就存在的，它们不是与生俱来的，更不是某个人或某个神强加在我们身上的诅咒或植入，而是当某些特定的因与缘聚合在一起的时候，出于本能的自私，就会产生情绪。

情绪不受限制，想到哪里就到哪里。我们既可以想到刚才发生的一件扰动情绪的事情，也可以想到小时候情绪的变化，还可以胡思乱想，编造许多让自己生气、兴奋、郁闷、害怕的事情。既可以创造现实和当下的情绪，也可以追溯到远古。在人的生命过程中，由于存储着无数的经历和情绪，人常常会根据自己的意愿来编制各种情景的故事和情节，许多的电影、电视、小说、文艺作品、广告、设计都会让人体验到不同的情绪，以致产生联想和购买的行为以及改变人的行为模式。

不论多久以前形成的情绪，如没有得到有效的释放、清除和化解，都将会对现实生活产生各种各样的影响和作用。有人曾说过：凡走过必留下痕迹。看似很多事情已经过去了很久，可当回忆到那件事情，那个时间点时，当时的情绪依旧会历历在目，即使有着一定的修为和时间的洗礼，依然还会影响和作用于现今的财富、健康、婚姻、事业等生活的方方面面。我们常说放下就好，你即使知道只要是放下了就不会再顿生烦恼、痛苦与不安了，但是要让你真正地做到是很难的。在我们生命中所发生的能够产生情绪的经历，都会像种子一样深埋在潜意识中，它既不会消失也不会减弱，都是在真实而又忠实地存在着，就像计算机病毒一样，时机成熟，因缘聚合就会产生效力、发挥作用，所不同的就是时间越长，你要为这种情绪所付出的

241

每当遇到使我们愉快或感觉美的东西时，就用心把它收集起来，装进自己的心田，使潜意识中存放更多的美好的东西。长此以往精心地收藏，那么我们就会编织出自己丰富多彩的幸福之篮。在碰到不开心的事时，把幸福之篮打开，一件件倒出，沉浸于美好的回忆之中，就能忘掉那些烦恼，让自己的心情好起来。

成本就会越大，计算机病毒只要存在，就有可能对主机产生危害，如不能有效清除，每当条件满足都会发生一定效力，形成一定破坏和影响。当情绪得到释放、清除和化解时，相对于这个事件的情绪会得到削弱或清除，因此而导致的行为也将会得到相应的改变。

一种情绪会深埋在潜意识中形成一个种子，就像电脑文件包，当你能够进入或者打开它，才可以改变它，也才能够修改源程序。所以，改变一个人的潜意识，最好是进入心灵也就是潜意识，回到当时产生情绪的时间点，重新经历那个过程，就相当于打开了程序，通过潜意识按照修改程序的方法（释放、化解、清除），修改在潜意识中对这个事件、这个人所产生的情绪，同时在潜意识中还要建立新的、积极的程序和种子。

8.心中始终拥有"幸福之篮"

我们知道，潜意识的主要成分是原始的冲动和通过遗传得到的人类的早期经验以及后天的个人经验。从娘胎起，潜意识便开始形成：父母的期望和教诲，家庭环境的影响，学校的教育，从小到大的阅历，一切影响过我们的外部思想观念以及自己内部形成的观念情感，包括正面积极的和负面消极的，都会在我们的潜意识里汇集、沉淀、储存起来。

人的一生要经历很多的事，有快乐幸福之事，也有烦闷痛苦之事。快乐幸福之事会使我们兴奋，精神愉悦，而烦闷痛苦之事会让我们沮丧，精神颓废，失去生活的勇气。

那么如何减少烦闷痛苦，使我们的生活丰富多彩、充满活力呢？

不妨这样：**每当遇到使我们愉快或感觉美的东西时，就用心把它收集起来，装进自己的心田，使潜意识中存放更多的美好的东西。长此以往精心地收藏，那么我们就会编织出自己丰富多彩的幸福之篮。在碰到不开心的事时，把幸福之篮打开，一件件倒出，沉浸于美好的回忆之中，就能忘掉那些烦恼，让自己的心情好起来。**

俄国的尤·沃兹涅先斯卡娅在《幸福的篮子》一文中讲述了这样一个故事：

有段时间我曾极度痛苦，几乎不能自拔，以至于想到了死。那是在安德鲁沙出国后不久。在他临走时，我俩第一次，也是最后一次一起过夜。我知道，他永远不会回来了，我们的鸳鸯梦再也不会重温了。我也不愿那样，但我还是郁郁寡欢，无精打采。

一天，我路过一家半地下室式的菜店，见一美丽无比的妇人正踏着台阶上来——太美了，简直是拉斐尔圣母像的再版！我不知不觉放慢了脚步，凝视着她的脸。因为起初我只能看到她的脸。但当她走出来时，我才发现她矮得像个侏儒，而且还驼背。我耷拉下眼皮，快步走开了。我羞愧万分……我对自己说，你四肢发育正常，身体健康，长

243

一种情绪会深埋在潜意识中形成一个种子，就像电脑文件包，当你能够进入或者打开它，才可以改变它，也才能够修改源程序。

相也不错，怎么能整天这样垂头丧气呢？打起精神来！像刚才那位可怜的人才是真正不幸的人……

我永远也忘不了那个长得像圣母一样的驼背女人。每当我牢骚满腹或者痛苦悲伤的时候，她便出现在我的脑海里。我就是这样学会了不让自己自怨自艾，而如何使自己幸福愉快却是从一位老太太那儿学来的。

那次事件以后，我很快又陷入了烦恼，但这次我知道如何克服这种情绪。于是，我便去夏日乐园漫步散心。我顺便带了件快要完工的刺绣桌布，免得空手坐在那里无所事事。我穿上一件极简单、朴素的连衣裙，把头发在脑后随便梳了一条大辫子。又不是去参加舞会，只不过去散散心而已。

来到公园，找个空位子坐下，便飞针走线地绣起花儿来。一边绣，一边告诫自己："打起精神！平静下来！要知道，你并没有什么不幸。"这样一想，确实平静了许多，于是就准备回家。恰在这时，坐在对面的一个老太太起身朝我走来。

"如果您不急着走的话，"她说，"我可以坐在这儿跟您聊聊吗？"

"当然可以！"

她在我身边坐下，面带微笑地望着我说："知道吗，我看了您好长时间了，真觉得是一种享受。现在像您这样的可真不多见。"

"什么不多见？"

"您这一切！在现代化的圣彼得堡市中心，忽然看到一位梳长辫子的俊秀姑娘，穿一身朴素的白麻布裙子，坐在这儿绣花！简直想象不出这是多么美好的景象！我要把它珍藏在我的幸福之篮里。"

244

"什么，幸福之篮？"

"这是个秘密！不过我还是想告诉您。您希望自己幸福吗？"

"当然了，谁不愿自己幸福呀。"

"谁都愿意幸福，但并不是所有的人都懂得怎样才能幸福。我教给您吧，算是对您的奖赏。孩子，幸福并不是成功、运气，甚至爱情。您这么年轻，也许会以为爱就是幸福。不是的。幸福就是那些快乐的时刻，一颗宁静的心对着什么人或什么东西发出的微笑。我坐在椅子上，看到对面一位漂亮姑娘在聚精会神地绣花儿，我的心就向您微笑了。我已把这一时刻记录下来，为了以后一遍一遍地回忆。我把它装进我的幸福之篮里了。这样，每当我难过时，我就打开篮子，将里面的珍品细细品味一遍，其中会有个我取名为"白衣姑娘在夏日乐园刺绣"的时刻。想到它，此情此景便会立即重现，我就会看到，在深绿的树叶与洁白的雕塑的衬托下，一位姑娘正在聚精会神地绣花。我就会想起阳光透过椴树的枝叶洒在您的衣裙上；您的辫子从椅子后面垂下来，几乎拖到地上；您的凉鞋有点磨脚，您就脱下凉鞋，赤着脚；脚趾头还朝里弯着，因为地面有点凉。我也许还会想起更多，一些此时我还没有想到的细节。"

"太奇妙了！"我惊呼起来，"一只装满幸福时刻的篮子！您一生都在收集幸福吗？"

"自从一位智者教我这样做以后。您知道他，您一定

世界是多元的，既有丑恶，也有美好。如果只看到丑恶的，那么你就等于只给潜意识输入消极信息，这样你就会变得郁郁寡欢、自怨自艾。

读过他的作品。他就是阿列克桑德拉·格林。我们是老朋友，是他亲口告诉我的。在他写的许多故事中也都能看到这层意思。遗忘生活中丑恶的东西，而把美好的东西永远保留在记忆中。但这样的记忆需要经过训练才行。所以我就发明了这个心中的幸福之篮。"

我谢了这位老妇人，朝家走去。路上我开始回忆童年以来的幸福时刻。回到家时，我的幸福之篮里已经有了第一批珍品。

故事就此结束，出人意料的简单，没有华丽的词藻，但却意味深长。它揭示了一个简单却又很少有人能理解通透的道理：铭记生命中的美好。

世界是多元的，既有丑恶，也有美好。如果只看到丑恶的，那么你就等于只给潜意识输入消极信息，这样你就会变得郁郁寡欢、自怨自艾。有些人一天到晚只知道挖掘社会上那些丑恶现象，而对那些美好的事物视若无睹，而且乐此不疲。造成了他们消极的潜意识。这对他们的生活有着怎样的危害啊！

朋友，你有"幸福之篮"了吗？如果没有，那么从今天开始，编织自己的"幸福之篮"吧！收集那些快乐的时刻，把身边的美好尽可能多地放到潜意识中，也让自己永远生活在幸福快乐之中。

9.避免被内心的矛盾所困扰

我们常常被内心的矛盾所困扰：进与退、爱与恨、走与留，等等。有矛盾就有忧愁，人内心的矛盾有的是人所共有——我们也就不必过多地为此烦恼，有的则是个人化的。不管是什么样的矛盾，既然是人内心深处的东西，只有靠自身的力量努力化解。矛盾少一分，我们就多一分快乐。

据心理学家分析，每一个正常的人，包含着三个"我"。

第一个"我"是"动物的我"。"动物的我"是人类经过长期进化仍然保留的潜意识，它有两个目的必须达到：一个是保存自己，另一个是保存种族。为了保存自己所以人要吃；为了保存种族，所以人要性爱。人类又为了必须要达到这两个目的，至今还遗传着丛林生活的定律，就是如果使之孤独的时候，人会打、会爬、会残害、会杀伤。

第二个我是"社会的我"。倘若"动物的我"是孤立的，会导致人类社会的混乱，因为这种原始的潜意识会使

247

一个正常的人，都是由上述的三个"我"完成一个共同的目的之人。任何人也不会否认自己有某种动物的特性，因为一个人必须要吃，也需要有配偶。

人们互相破坏，互相残杀。所以驯化"动物的我"，才能使人类有秩序地生活。"动物的我"是不知有慈悲、爱情和合作的，所以我们在儿童时期所受的教育，就是驯化我们的"动物的我"，使一些必要的社会道德和规则也进入潜意识。这种驯化的产物，就是"社会的我"。

第三个我，是"个人的我"。这是经历的产物，因为我们之中的每一个人，所得到的生活的经验是各不相同的，这些经历也会被潜意识记录下来，影响人的观念。所以对于安全和快乐的观念，每个人各有自己的特性。而每个人的品性和人格，就是发展我们个人的安全和快乐的工具。

一个正常的人，都是由上述的三个"我"完成一个共同的目的之人。任何人也不会否认自己有某种动物的特性，因为一个人必须要吃，也需要有配偶。但也有必须调整原始性的需要，而符合人群社会的道德标准，比如不可以盗窃和抢夺别人的食物和配偶。

事实上有很多人不曾完全驯化，也就是说，社会道德和规则没有很好地进入他们的潜意识，只停留在显意识的层面，所以不能很好地与他人合作，要吃、要恋爱的时候，也不愿遵照人类社会的道德标准去做，因此犯下各种的罪恶。所以说到底罪恶是人的潜意识和现实的矛盾，是"动物的我"和"社会的我"二者之间的矛盾造成，而"动物的我"占了上风。

有些人，因为他们的"个人的我"不能和现实调和，内心也充满着矛盾带来的忧虑和苦闷。例如一位年轻的女人，她感到自己是一个低贱的人，她要弥补这个缺点，她有意识地要做一个圣人。她定下做圣人的标准，非但和她的"动物的我"不相和，而且和她的"社会的我"也是相矛盾的。于是在她的内心就起了"食色的欲望"和"做圣人的需要"的决斗，因为她毕竟是一个有血有肉的人，不是一个天使。

内心的矛盾——各个"我"之间所发生的矛盾——不单是表现到矛盾为止，它还会变成情感过激的病相。假设有一位年轻的女人，她有一种强烈的扩张自己势力的潜意识，她的显意识知道不可偷盗，偷盗是违反"社会的我"的罪恶，然而她为她的潜意识欲望所支配，她要取得别人的东西，就用一种侵略的手段显示自己的权力。这便不仅是个人内心的矛盾，进而已成为家庭和社会生活的障碍。

人生矛盾分很多种。"动物的我"的欲望和"社会的我"的法令之间，是存在矛盾的；自己的立身和对于父母、国家的责任之间，也存在矛盾。此外如自己是残暴的却想得到人家的爱，拼命赚钱而又拼命花钱，又要勇敢又要安全……凡此种种都是相互矛盾的。

人一旦内心产生了矛盾，生活便十分苦恼和不幸，常会发生神经衰弱、不消化、失眠、怕见别人、怕和有权威的人交谈以及意志消沉等情形。所以一个人倘若要使自己身心快乐和健康，便非解决内心的矛盾不可。

避免被内心的矛盾所困扰的最好办法，必先完全明了矛盾发生的原因，从根本上去着手。事实上，内心矛盾最主要的原因是潜意识和显意识不统一造成的。有许多人对于自己的矛盾不注意，以为完全是年龄的关系，只要年龄增加，内心的矛盾自然而然就会消失的。其实不然，要解

249

显意识与潜意识的冲突与对立，绝非仅仅表现在有心理障碍的人和精神病患者身上，可以说，每个人都面临着显意识与潜意识的调控问题。

决一个真正的心理上的矛盾问题，只有实现潜意识和显意识的有机统一才行，否则它势必会污染或干扰你的精神。

承认使你生存的动物本性，再让个人的欲望适应现实的环境，使潜意识与显意识和谐，矛盾会渐归平息，人的心灵才会趋于安宁。

10.使显意识与潜意识协调配合

精神分析学的研究表明，显意识的发展离不开潜意识的支持，精神疾病、心理障碍的本质，是显意识与潜意识的相互冲突，二者不能和谐共处、协调作用。

一般的心理障碍，表现为显意识，但显意识控制不了潜意识，如强迫症，不由自主地陷入一个荒谬的念头，或者没有道理地反复做同一种行为，自己也知道这样不该，却就是左右不了自己的想法与行动，好像冥冥中有什么强迫他一样。而严重的精神病人则表现为理性丧失，完全任由潜意识的自发冲动支配，显意识失去作用。

显意识与潜意识的冲突与对立，绝非仅仅表现在有心理障碍的人和精神病患者身上，可以说，每个人都面临着显意识与潜意识的调控问题。讲一个常见的例子，有一个人过于肥胖，想减肥，少吃一点，但看见食物就是忍不住，明明不饿吧，也要吃点东西，否则心里就躁动不安。结果减肥失败。这也是显意识与潜意识的冲突。

潜意识无好坏之分，它超越人类价值判断，你如果协调得好，善于和它共处，它便会带你到达快乐，到达幸福和成功；如果协调不好，它就会阻挠你，使你无尽烦恼，给你的未来投下失败的阴影。

为了理解显意识与潜意识为什么会不相配合乃至矛盾冲突，我们有必要了解人的精神结构。

著名分析心理学大师荣格认为，人的精神是一个复杂的能量系统。我们常说，"他生命力很强""他挺有活力"，这就是指一个人的精神能量比较充足的情况。反之，说一个人暮气沉沉，看起来无精打采，毫无生气，则指精神能量缺乏。精神能量的分配与流动遵循着一定的规律，人的显意识可以指挥它、调动它到一定的方向和地方。但是，生命的需求是多方面、多层次的，生命力的释放寻找多种多样的表现，所以人需要各种社会活动。不论哪一种需要受到阻碍、不能满足，都可能造成人的心理创伤，形成心理障碍。

每一个人的成长所面临的一项重大任务，都是发展自己的显意识。从孩提时代懵懵懂懂的无意识状态走出，通过不断地学习和训练增强意识能力，有目的地运用意识解决人生中的各种问题，完成社会交付的各种工作。然而，显意识的发展必须符合精神发展的规律，符合潜意识的需求。如果一个人的显意识过于强大，潜意识被广泛压抑，他的生活就缺乏乐趣，生命力得不到表现的机会。这个时候潜意识就会起而反抗，抵制、干扰陷入片面发展的意识。大家都知道劳逸结合的重要性，同样精神能量的流动

251

潜意识事实上是绝不可能被压倒的，它只不过是被迫沉入地下活动，并在暗暗酝酿对过分发展的显意识的反抗。

也不能老是只投入到一个地方，以致其他方面得不到养分。忽视潜意识的需求，为了外在的功利目的强迫自己做某些事情，心理长期处于压抑状态，人的能量系统就会变得不稳定；潜意识自发地寻找达到平衡的途径，精神能量会像水从高处流往低处一样朝相反的方向流动，导致主观努力失败，意识陷于紊乱，表现为神经症。

显意识与潜意识的冲突有无数种，心理学中"人格面具"原型和"阴影"原型的冲突斗争是其中常见的一种。所谓人格面具，是指一个人为适应社会的要求，为自己塑造的一种外在形象。

我们每个人都面临着社会对自己的要求，父母、师长、同学或同事对自己的期望。别人希望我们是什么样，我们就表现为什么样，这样我们就给自己戴上了一副"人格面具"。当人把自我认同为这副人格面具时，表现为别人期望他表现的样子，表现出他"应该是"的那种形象。

毫无疑问，人格面具是有意义的，一个人的成长必然面临社会化的要求，要能扮演好公众分配给你的角色，不然你就无法适应人群。可是如果一个人太看重自己在别人面前的形象，在人格面具上投入过多心理能量，那么这个人就活得很累、很沉重了。不顾自己内在的需求，隐藏自身不符合别人期望的一面，竭力表现为公众所要求的样子，刻意追求营造自身的良好形象，可是，真实的自己到底是什么样？在潜意识里你本人真正的渴望是什么？久而久之连自己都忘了。从哲学上讲，这就叫"丧失自我"，俗语则说是"为别人而活"。

显然，过于看重人格面具，会导致对个体内在的压抑，使人的个性丧失，生命缺少活力，使你感到自己不再是自己。这就是一种显意识过于强大，压倒潜意识的情况。

但**潜意识事实上是绝不可能被压倒的，它只不过是被迫沉入地下活动，并在暗暗酝酿对过分发展的显意识的反抗。**在人格面具趋于沉重的同时，"阴影"原型悄悄崛起了，对人格面具构成破坏和威胁。这里的阴影，指的就是你隐藏的自我内在的一面，你的原始欲望与本能，也包括你的缺点毛病。人格面具越强大，阴影越遭到压抑，二者的矛盾对立相应会逐渐升级。你越是希望自己在别人心目中的形象高大正派、善良纯洁，就越不能忍受自己的缺陷，不能正视自身的原始欲望，对阴影的表现也就越来越压抑。例如有的人有一些习惯性的毛病甚至是邪恶的想法或行为，他不能正视，常常为自己的某些"罪恶"内疚和自责，可就是管不住自己，为此耗尽了大量精力。其实，从精神分析的角度，邪恶的存在也是有他的原因与道理的。人的本能不可处在长期被遏制状态，有压抑必然有反抗。如果阴影得不到表现，得不到发展的机会，它就会以一种扭曲变态的方式反映出来。邪恶，其实是人的正当本能以不正当的方式发泄出来的结果。如果我们懂得潜意识的规律，懂得让人格面具与阴影和谐共处，潜意识与显意识相互配合，邪恶也将从根源上被消除了。

因此，我们要使显意识与潜意识协调配合，调控自己的心理，有针对性地改变个人的生活方式，为精神能量的有意义流动创造适宜的条件。

253

要使显意识与潜意识协调配合，调控自己的心理，有针对性地改变个人的生活方式，为精神能量的有意义流动创造适宜的条件。

参考文献

［1］尹文刚.大脑潜能：脑开发的原理与操作［M］.北京：世界图书出版公司，2005.

［2］郭啸.人性与潜意识［M］.广州：羊城晚报出版社，2006.

［3］陈永明.心智活动的探索［M］.北京：北京师范大学出版社，2006.

［4］梁宁建.心理学导论［M］.上海：上海教育出版社，2006.

［5］乔治·弗兰克尔.探索潜意识［M］.华微风，译.北京：国际文化出版公司，2006.

［6］车文博.透视西方心理学［M］.北京：北京师范大学出版社，2007.

［7］爱德华滋，雅各布斯，意识与潜意识［M］.贾晓明，译.北京：北京大学医学出版，2008.

［8］约翰·塞尔.心灵导论［M］.徐英瑾，译.上海：上海人民出版社，2008.

［9］唐孝威.心智的无意识活动［M］.杭州：浙江大学出版社，2008.

［10］思源.快乐就像眨眼睛［M］.北京：中国致公出版社，2008.

［11］吕芸.引爆你的潜能［M］.武汉：湖北人民出版社，2009.

［12］荣格.潜意识与心灵成长［M］.张月，译.上海：上海三联书店，2009.

［13］弗洛伊德.精神分析学引论.新论［M］.罗生，译.南昌：百花洲文艺出版社，2009.

［14］约瑟夫·墨菲.潜意识的力量［M］.吴忌寒，译.北京：中国城市出版社，2009.

［15］郝强.潜能的力量［M］.北京：新世界出版社，2010.

［16］西格荣特·弗洛伊德.机智与无意识的关系［M］.闫广林，张增武，译.上海：上海社会科学院出版社，2010.

［17］阿勋.开启潜意识：看透你未知的心［M］.北京：中信出版社，2010.